· 国家自然科学基金联合基金重点项目（U21A20109）

河南省科技攻关项目（212102310818）

煤粮复合区采煤沉陷
对土壤质量的影响研究

Study on the Impact of Coal Mining Subsidence
on Soil Quality in the overlapped Areas
of Cropland and Coal Resources

张沛沛／著

中国经济出版社
CHINA ECONOMIC PUBLISHING HOUSE
北 京

图书在版编目（CIP）数据

煤粮复合区采煤沉陷对土壤质量的影响研究／张沛
沛著．—北京：中国经济出版社，2022.5
ISBN 978-7-5136-6928-3

Ⅰ．①煤… Ⅱ．①张… Ⅲ．①煤矿开采–采空区–影
响–土壤–质量–研究 Ⅳ．①S15

中国版本图书馆 CIP 数据核字（2022）第 080687 号

责任编辑　叶亲忠
责任印制　马小宾
封面设计　华子图文

出版发行　中国经济出版社
印　刷　者　北京建宏印刷有限公司
经　销　者　各地新华书店
开　　　本　710mm×1000mm　1/16
印　　　张　16.25
字　　　数　200 千字
版　　　次　2022 年 5 月第 1 版
印　　　次　2022 年 5 月第 1 次
定　　　价　68.00 元
广告经营许可证　京西工商广字第 8179 号

中国经济出版社 网址 www.economyph.com 社址 北京市东城区安定门外大街 58 号 邮编 100011
本版图书如存在印装质量问题，请与本社销售中心联系调换（联系电话：010-57512564）

摘　要

　　煤粮复合区是我国重要的能源、粮食生产基地。煤炭开采引起的采煤沉陷会降低土壤的质量。土壤质量是在整个自然生态体系中，能够保持生物生产力、维护生态环境质量、促进动植物和人类健康可持续发展的能力，也是与土壤的形成原因，以及与由人类社会活动引起的动态变化紧密相关的一种固有属性。土壤质量评价就是在已经掌握的土壤外部基本属性的基础上，量化地表达土壤的各个内在属性，以达到全面、正确认识土壤和科学管理土壤的目的。研究耕地土壤质量的根本目的就是寻求耕地土壤质量的变动机制，以及耕地土壤质量对动植物健康发展的影响，科学地构建耕地土壤质量评价指标体系，为维护耕地土壤质量和耕地土壤定向培育提供理论支持和参考，从而保证农业的可持续生产。煤粮复合区采煤沉陷对耕地土壤的影响评价，本质上就是对人类采煤活动对土壤的物理、化学、生物特性等综合作用进行的全面分析和评价。采煤沉陷对土壤影响的综合评价在土地复垦与生态重建中起着关键性作用，是采煤沉陷区复垦土壤特征分析的一项基础性工作，可以为煤粮复合区土地复垦和生态重建提供基础数据，以便更好地了解和掌握采煤沉陷对土壤特性的影响机制。

　　因此，本书选择九里山矿煤粮复合区典型采煤沉陷地为研究对象，充分利用野外调查，原位定点监测，室内分析与数理统计分析相结合的方法，分析了采煤沉陷地（坡地、裂缝、积水区）对土壤质量主要因子的影响；探讨了采煤沉陷地土壤质量环境因子、肥力因子、健康因子在不同微地形和不同土壤深度的空间分布规律；研究了采煤沉陷对农作物根际微环境的影响特征，构建了采煤沉陷地土壤质量评价模型和土壤质量退化评价模型；分析了采煤沉陷地农作物根际与非根际土壤质量对玉米产量的影响，以期为煤粮复合区的土壤复垦、耕地报损和粮食的可持续生产提供理论依据；研究了焦作矿区采煤沉陷地煤矸石充填复垦农田，不同复垦年限土壤质量的演变特征，以期为复垦农田土壤质量的提升提供参考依据。本书取得的主要成果如下。

（1）采煤沉陷显著改变土壤环境因子。在采煤沉陷微地形中，采煤沉陷裂缝显著减少了土壤的含水率和pH值，而采煤沉陷（坡地、积水区）显著增加了土壤的含水率和土壤pH值。采煤沉陷微地形对土壤含水率影响的大小排序为沉陷积水区>沉陷裂缝>沉陷坡地，且在0~20cm土层、20~40cm土层、40~60cm土层表现出相同的规律性。采煤沉陷微地形对土壤pH值影响的大小排序为沉陷裂缝>沉陷积水区>沉陷坡地，且在0~20cm土层、20~40cm土层、40~60cm土层表现出相同的规律性。采煤沉陷对不同土层的土壤含水率影响的大小排序为0~20cm土层>20~40cm土层>40~60cm土层。采煤沉陷坡地和采煤沉陷裂缝对土壤pH值的影响与其对土壤含水量的影响表现出相同的规律性；采煤沉陷积水区对土壤pH值的影响则表现出相反的规律性。

（2）采煤沉陷显著改变了土壤的肥力因子。采煤沉陷不同微地形对不同土层的土壤有机质、土壤全氮、土壤碱解氮、土壤全磷、土壤有效磷的影响具有较大的差异性。采煤沉陷对土壤肥力的不同影响为：采煤沉陷裂缝和沉陷积水区大于采煤沉陷坡。在采煤沉陷积水区，距沉陷积水区2~4m的范围，表层土壤的肥力有所增加，这是由沉陷坡的土壤养分受到雨水侵蚀和耕作侵蚀在沉陷坡坡底汇集造成的。

（3）采煤沉陷显著减低了土壤的健康因子。采煤沉陷对不同土层的土壤蔗糖酶活性、土壤脲酶活性、土壤过氧化氢酶活性的影响具有一定的差异性。采煤沉陷对 0~20cm 土层的土壤酶活性的影响最大，其次是 20~40cm 土层，影响最小的是 40~60cm 土层。在采煤沉陷微地形中，沉陷裂缝对不同土层的土壤蔗糖酶活性、土壤过氧化氢酶活性影响最大，而且沉陷裂缝对耕地 0~20cm 土层、20~40cm 土层的土壤脲酶活性影响最大；采煤沉陷积水区对 40~60cm 土层的土壤脲酶活性的影响最大，而采煤沉陷坡对不同土层的土壤蔗糖酶、土壤脲酶、土壤过氧化氢酶活性的影响最小。

（4）采煤沉陷改变了农作物根际的微环境。采煤沉陷坡、裂缝、积水区对农作物根际土壤微环境的影响表现出不同的规律性。农作物根际土壤含水率、pH 值均低于非根际土壤。采煤沉陷区农作物根际土壤含水率、pH 值的富集率也有所不同，并低于对照区。农作物根际土壤有机质、全氮、碱解氮、全磷含量均高于非根际土壤，其有效磷含量低于非根际土壤。采煤沉陷地农作物根际土壤有机质、氮素、磷素的富集率也有所不同，并低于对照区。农作物根际土壤蔗糖酶、脲酶、过氧化氢酶活性均高于非根际土壤。采煤沉陷地农作物根际土壤蔗糖酶、脲酶、过氧化氢酶活性的根土比也有所不同，并低于对照区。这表明，采煤沉陷坡、裂缝、积水区降低了农作物的根际效应；采煤沉陷坡地自坡上至坡下，农作物的根际效应不断降低；距采煤沉陷裂缝越近，农作物的根际效应随之不断降低；距沉陷积水区越近，农作物的根际效应随之不断降低。

（5）采煤沉陷显著降低了煤粮复合区耕地土壤的质量。采煤沉陷对耕地不同土壤层土壤质量的影响具有一定的差异性。从 0~20cm 土层土壤质量评价结果来看，采煤沉陷不同微地形对土壤质量指数的影响各不相同。采煤沉陷对下坡的土壤质量影响较大，而对上坡和中坡的土壤质量影响较小，上坡、中坡、下坡分别比对照区低了 4.08%、6.90%、18.50%，其退化指数分别为 0.181、0.239、0.467。采煤沉陷裂缝对其周围 90cm 范围内的土壤质量影响较大，分别比对照区低了 31.14%、21.63%、11.08%，其退化指数分别为 0.636、0.453、0.232；对距裂缝 90cm 以外的土壤质量影响不大，分别比对照区低了 1.25%、0.31%，其退化指数分别为 0.027、0.008。在采煤沉陷微地形中，采煤沉陷积水区对土壤质量的影响最大，其土壤质量分别比对照区低了 45.66%、15.57%、19.02%、18.60%、18.18%、16.82%，其退化指数分别为 0.899、0.314、0.381、0.369、0.362、0.335。

在 20~40cm 土层，采煤沉陷微地形对土壤质量的影响具有较大的差异性。采煤沉陷对下坡土壤质量的影响较大，而对上坡和中坡的土壤质量影响较小，上坡、中坡、下坡的土壤质量指数分别比对照区低了 3.60%、4.20%、11.10%，其退化指数分别为 0.107、0.206、0.352。采煤沉陷裂缝对其周围 60cm 范围内的耕地土壤质量具有显著影响，分别比对照区低了 14.20%、5.40%，其退化指数分别为 0.495、0.290；对距沉陷裂缝 60cm 以外的土壤质量影响不大，几乎没有差别，其退化指数分别为 0.087、0.038、0.170。沉陷积水区对土壤质量的影响最大，其土壤质量指数分别比对照区低了 33.50%、29.10%、27.10%、25.20%、18.60%、14.40%，其退化指数分别为 0.926、0.795、0.736、0.678、0.513、0.403。采煤沉陷积水区土壤的土壤质量指数明显低于 0~20cm 土层的土壤质量指数，其退化指数也明显大于 0~20cm 土层的退化指数，这说明采煤沉陷积水区对 20~40cm 土层的土壤质量影响较大。

在 40~60cm 土层，采煤沉陷微地形对土壤质量的影响具有差异性。

采煤沉陷坡地对土壤质量的影响与 0~20cm 土层和 20~40cm 土层表现出相同的规律性，上坡、中坡、下坡的土壤质量指数分别比对照区低了 2.27%、7.49%、13.24%，其退化指数分别为 0.046、0.188、0.323。采煤沉陷裂缝对其周围 60cm 范围内的土壤质量影响较大，分别比对照区低了 16.55%、9.41%，其退化指数分别为 0.464、0.261；对距沉陷裂缝 60cm 以外的土壤质量影响不大，分别比对照区低了 3.14%、2.09%、0.87%，其退化指数分别为 0.077、0.030、0.018。采煤沉陷积水区对土壤质量的影响最大，其土壤质量指数分别比对照区低了 52.09%、47.56%、44.08%、40.42%、37.63%、30.66%，其退化指数分别为 0.941、0.838、0.766、0.682、0.629、0.531。采煤沉陷积水区 40~60cm 土层的土壤质量指数明显低于 20~40cm 土层的土壤质量指数，其退化指数也明显大于 20~40cm 土层的土壤质量指数，这说明采煤沉陷积水区对 40~60cm 土层的土壤质量影响最大。

（6）采煤沉陷对玉米产量具有显著的影响。采煤沉陷不同微地形对玉米产量的影响具有显著的差异性，其对玉米产量影响的变异系数分别为 17.26%、31.36%、20.91%，均为中等变异。采煤沉陷不同微地形对玉米产量影响的大小排序为沉陷裂缝＞沉陷积水区＞沉陷坡地。采煤沉陷不同微地形玉米产量的分布趋势与土壤质量的分布特征相一致，与土壤退化指数的分布特征相反。本书定量分析了煤粮复合区采煤沉陷地玉米产量与土壤质量的关系，相关分析表明，玉米产量与采煤沉陷坡地、采煤沉陷裂缝、采煤沉陷积水区土壤质量均表现出了显著正相关关系。玉米产量与采煤沉陷地土壤质量指数的高度相关性，证明了本书采用的评价指标体系和评价方法具有可行性和实用价值。

（7）分析了采煤沉陷地煤矸石充填复垦农田土壤 0~20cm、20~40cm、40~60cm 土层的土壤含水率、pH 值、有机质、全氮、碱解氮、全磷、有效磷、蔗糖酶活性、脲酶活性和过氧化氢酶活性等土壤质量指标的演变特征。采煤沉陷地煤矸石充填复垦土壤复垦 10 年后，其土壤质量指数在 0~20cm、20~40cm、0~60cm 土层的土壤分别增加了 100.10%、49.94%、21.52%，整体来看，复垦土壤质量指数随着复垦时间的增加呈现不断增加的趋势。

本书取得的创新性成果如下：

（1）首次对煤粮复合区采煤沉陷（坡地、裂缝、积水区）对耕地土壤质量的影响进行了全面系统的研究，分析了采煤沉陷（坡地、裂缝、积水区）对耕地土壤质量影响的空间分布特征，揭示了采煤沉陷（坡地、裂缝、积水区）对耕地土壤质量的影响规律。

（2）系统地研究了采煤沉陷对农作物根际微环境的影响，对比分析了农作物根际与非根际土壤特性之间的差别，揭示了采煤沉陷不同微地形对农作物根际微环境及其根际效应的影响规律。

（3）结合煤粮复合区采煤沉陷地土壤质量的空间分布特征，建立煤粮复合区采煤沉陷地土壤质量评价模型和土壤质量退化评价模型，对采煤沉陷（坡地、裂缝、积水区）对耕地土壤质量的影响机制和耕地土壤质量的退化机制进行了研究。

（4）阐明了煤粮复合区采煤沉陷对土壤质量的综合影响，进一步分析了耕地土壤质量对玉米产量的影响，确定了采煤沉陷（坡地、裂缝、积水区）导致农作物减产的范围，为后续的矿区耕地报损和耕地损害补偿工作提供了理论依据。

（5）系统研究了采煤沉陷地煤矸石充填复垦农田不同复垦年限土壤质量的演变特征，揭示了不同复垦年限复垦土壤质量的演变规律。

目 录 CONTENTS

第 1 章

引　言

1.1 研究背景与意义

中国的能源消费结构以煤炭为主,煤炭的消耗量占一次性能源消费总量的 70% 以上,煤炭开采对我国社会经济的发展做出了突出贡献。中国人多地少,人地矛盾明显,持续的煤炭开采会造成损毁耕地面积不断增加以及耕地生产力出现不同程度的下降。我国煤粮复合区面积占耕地总面积的 42.7%,其中煤炭保有资源与耕地复合面积占全国耕地总面积的 10.8%[1]。据统计,目前我国仅采煤塌陷损毁的土地面积已经超过了 $0.4 \times 10^6 hm^2$,且沉陷土地集中分布于我国东部粮食主产区,黄淮海地区沉陷地中有 90% 以上为高产农业区,华东和华北地区的采煤沉陷地则多集中分布在基本农田保护区[2]。如此高比例的煤粮复合区决定了采煤必然损毁大量的耕地尤其是基本农田。而耕地损毁面积的持续增加会对我国的粮食生产产生极大影响,如露天煤矿区内的农田和植被被完全损坏会导致挖损地完全没有收成;井工开采区会不同程度地影响粮食的生产;沉陷重度区会造成粮食绝产、沉陷中度区和轻度区会造成农田水土流失和粮食减产等。上述问题都会导致煤粮复合区的人地关系变得更加紧张。煤炭开采不仅对土地资源尤其是耕地资源造成一定的损毁,而且会给区域的自然环境带来一系列问题。采煤沉陷会破坏地表原有的自然生态系统，改变地表原始的物质组成结构。地表环境的改变不仅会对陆地原始生态系统的碳氮循环产生不利影响，还会对水体、植被、土壤等自然因素产生影响，从而对区域社会经济的发展产生阻碍。

我国煤炭的开采方式 96% 左右为井工开采，4% 左右为露天开采[3]。我国大多数国有煤矿采用长臂式开采方法和全部垮落顶板的管理方式。根据测算，这种采煤方式形成的地表沉陷最大深度为开采煤层总厚度的 0.7 倍，沉陷面积是采区的 1.2~1.3 倍[4]；煤层覆岩原有的应力平衡状态因此遭到破坏，造成采空区上方的覆岩从下往上发生冒落、裂缝，然后出现弯曲下沉的现象，这不仅是造成采空区上方地面表层出现大面积沉陷的原因，还会形成很多形状不规则的地貌特征，如塌陷断裂面和裂缝。同时，地下采煤会造成地表倾斜、拉伸和扭曲变形。沉陷变形后，地表会出现地面倾斜、裂缝、高低梯坎等多种微观地貌特征。基岩和采空区上方的土壤层受到煤炭开采扰动影响的程度不同，采空区上方的地表地貌特征比煤炭开采前有了很大的改变，造成采空区上方不同土壤层的土壤结构出现了不同程度的变化，进而改变了采空区上方地表原有的自然生态系统。采煤沉陷对耕地土壤表层造成的损毁比较严重。我国人多地少，耕地资源严重不足，采煤沉陷损毁了大量的耕地尤其是基本农田，急剧降低了耕地的土壤质量。耕地是确保我国经济可持续发展的重要资源，在维护国家粮食安全、社会经济稳定和保护生态环境方面有十分重要的作用[5]。

采煤沉陷不仅损毁了耕地、污染了生态环境，还会威胁我国的粮食安全、生态安全和社会安全。本书通过系统研究煤粮复合区采煤沉陷坡地、裂缝、积水等微地形对不同空间位置、不同土层深度的土壤特性和农作物生长及产量的影响，全面系统地揭示采煤沉陷对耕地土壤特性和农作物产量的影响机制，定量评价采煤沉陷（坡地、裂缝、积水）对耕地土壤质量影响的空间变异性，研究采煤沉陷区耕地土壤的退化机制及农作物的产量效应，对于指导煤粮复合区土地的复垦、提升耕地地力和维护国家粮食安全具有重要的理论意义和现实价值。①本书通过系统研究煤炭开采造成的沉陷（坡地、裂缝、积水区）对不同位置和不同土层深度土壤特性的影响，揭示采煤沉陷（坡地、裂缝、积水区）对土壤特性影响的空间变异性，探讨采煤沉陷（坡地、裂缝、积水区）造成耕地土壤退化机制的差异性，为采煤沉陷区耕地的有效利用和煤炭工业的可持续发展提供理论依据；②本书通过系统评价采煤沉陷对耕地土壤质量的整体影响，定量分析采煤沉陷（坡地、裂缝、积水区）影响土壤质量的空间变异性，为矿区科学合理地制定复垦措施，以及提高复垦土壤地力提供参考；③本书通过系统监测农作物产量对采煤沉陷地土壤质量变化的响应，测算农作物的产量效应，为采煤沉陷区耕地的报损及损毁赔偿提供技术和理论支持；④本书通过系统研究采煤沉陷地煤矸石充填复垦农田土壤质量的演变特征，为复垦农田土壤质量的提升提供参考依据。

1.2 采煤沉陷对土地资源的影响

1.2.1 采煤沉陷对土地的破坏特征

采煤沉陷会引起地表地貌移动，采煤作业方法和煤矿地质条件等方面的差异，会造成地表移动和破坏状况的不同。在高潜水位平原矿区，采煤沉陷对土地地貌的主要破坏特征为坡地、裂缝和积水区。

坡地是采空区上方地表下沉后形成的大面积景观损毁特征，地表下沉形成盆地，而且从地表沉陷的地貌特征可知，采煤沉陷盆地的内、外边缘区的地貌特征都被称为坡地；当采煤不够充分的时候，地表下沉会出现动态变化，其地貌特征均为采煤沉陷坡地。坡地的产生使得土壤受到侵蚀，导致土壤养分流失，最终降低了采煤沉陷坡地的生产力。

裂缝是采煤沉陷盆地外边缘区的地表地貌损毁特征，随着采煤工作面的持续推进，地表裂缝的特征呈现不断变化的态势。在采煤沉陷盆地已经稳定后，沉陷裂缝一般在采煤沉陷盆地的外边缘区。沉陷裂缝区域的形态特征与沉陷盆地的形态特征具有很多相似的地方，会形成直线型裂缝和曲线型裂缝。沉陷裂缝改变了土壤特性，导致土壤出现漏水和漏肥的现象，最终降低采煤裂缝周围土壤的生产力。

积水区是高潜水位平原矿区最鲜明的地貌损毁特征，由于地下潜水位较高，地下水逐渐渗入采煤沉陷盆地，进而形成积水区。大气降水、人工灌溉水及其他水源都会增加采煤沉陷积水区的水量。采煤沉陷积水区周围的土壤会出现丧失全部或部分生产力的现象。同样地，沉陷积水区很容易汇聚各种污染水源，造成沉陷区周围土壤和积水水质污染。

1.2.2　采煤沉陷坡地对土壤特性的影响

煤炭开采造成的地表沉陷，改变了地表地貌特征，使地表坡度变大，沉陷区耕地土壤受到雨水侵蚀或者耕作侵蚀会更加严重，不同程度地改变了沉陷区耕地土壤的特性，造成采煤沉陷区耕地土壤质量下降[6-9]。土壤质量作为一个整体，通常包含土壤物理、化学、生物学质量[10]。

土壤物理特性包含的主要指标有：容重、水分、质地、通气性、热特性和结构性等。土壤物理特性各个指标之间相互影响。土壤容重决定了土壤的孔隙状况，土壤孔隙状况的改变会引起土壤水分和养分运移规律的改变，并在一定程度上改变土壤的导水性能[11,12]。陈龙乾等[13]、卞正富[14]研究了开采沉陷对耕地土壤质量的影响，其结果表明，开采沉陷加速耕地土壤的大气降水侵蚀、人工耕作侵蚀，使水土流失现象更加严重。开采沉陷显著改变了耕地表层土壤的物理特性，其中采煤沉陷对土壤物理特性的影响表现出不同的特征，具体排序为含水量>物理性沙粒>容重>孔隙度。采煤沉陷区耕地的土壤含水量随着坡长的增加而不断增加；土壤容重和物理性沙粒含量均表现出先增加后下降的变化规律；沉陷耕地区土壤孔隙度表现出先下降后增加的规律。开采沉陷改变了土地的环境条件，显著降低了耕地的生产力水平。胡振琪等[15]研究了采煤沉陷对矿区耕地土壤物理特性的影响，其结果表明，采煤沉陷改变了土壤的紧实度和土壤容重，土壤容重、含水量和紧实度表现出从沉陷上坡至沉陷坡底不断增大的变化规律；土壤的渗透率和孔隙度表现出从沉陷上坡至沉陷坡底不断减少的变化规律；最终采煤沉陷改变了土壤的生产力。臧荫桐等[16]研究了采煤沉陷对风沙区土壤物理性质的影响，其结果表明，采煤沉陷区坡顶的土壤孔隙度有所增大，沉陷区坡中土壤的容重和硬度不断减少，土壤的孔隙度不断增大；沉陷区土壤水分基本没有发生变化。卞正富和张国良[17]研究了采煤沉陷对潜水环境的影响和机制，其结果表明，开采沉陷降低了沉陷区周围的潜水位，损毁了矿区原始的水均衡系统，改变了潜水位的赋存条件，降低了土壤的生产力。

谢元贵等[18]研究了矿区不同土层土壤的物理性质在不同沉陷年限表现出的动态变化规律，其结果表明，采煤沉陷改变了土壤结构，土壤受到的侵蚀更加严重，随着沉陷年限的增加，土壤的环境条件越来越稳定，沉陷区土壤的通气保水性虽有变好的趋势，但仍低于对照区。郄晨龙等[19]以不同地表影响区域（非采区、外拉伸变形区、内拉伸变形区、压缩变形区和中性区）开采前后同一个位置的土壤为研究对象，探讨了采煤沉陷扰动土壤物理性质的规律，其结果表明，采煤沉陷显著降低了土壤容重；在外拉伸变形区，煤炭开采降低了土壤黏聚力。由于我国的矿区分布较为分散且范围较广，所以矿区在地质地貌、采矿条件和区域气候等方面都存在很多差异，因此采煤沉陷对矿区土壤特性的影响也有所不同。在西南山区水田[20]、风沙区[21]等典型煤矿沉陷区，煤炭开采前后，在坡顶、坡中、坡底和丘间低地，土壤物理性质表现出不同的变化规律。姚国征等[22]研究了补连塔矿区2个典型沉陷区在沉陷2~3年后土壤质量的动态变化情况，其结果表明，沉陷2~3年后，沉陷风沙区土壤含水率和养分均低于对照区；2005年，沉陷风沙区地表土壤体积质量低于对照区，土壤孔隙度高于对照区；沉陷区土壤有机质、土壤全钾与对照区相比基本没有变化；土壤速效钾和碱解氮与对照区相比有明显差距，土壤速效钾和碱解氮在两个沉陷区基本一致；2004年，沉陷区土壤的碱解氮高于对照区；土壤速效钾在两个沉陷区基本一致，土壤速效磷高于对照区。整体来看，沉陷风沙区土壤的速效养分在沉陷后表现出不断升高和活化的变化特征。

1.2.3　采煤沉陷裂缝对土壤特性的影响

煤炭开采对上覆岩层的破坏特征一般分为垮落带、裂隙带和弯曲带，在水体下进行开采作业时，上覆岩层的垮落带和裂隙带又合称为"导水裂隙带"[23]。根据沉陷裂缝的形态特征，地表裂缝的形态特征分为拉伸型、塌陷型和滑动型[24]。

王晋丽等[25]认为，采煤沉陷裂缝在山区的分布特征主要由采煤的作业方法和矿区的地质、地貌等多种因素决定，采煤沉陷裂缝显著改变了土壤水分含量，对农作物造成不同程度的损害。马迎宾等[26]研究了采煤沉陷裂缝对降雨后沉陷坡面土壤含水量的影响，其结果表明，采煤沉陷裂缝破坏了坡面土壤结构的完整性，改变了土壤含水量的局部分配状况，其周围土层土壤含水量损失不断增加，尤其是土壤表层含水量的损失比较严重，但是不同坡向土壤含水量之间没有明显的差别。沉陷裂缝对土壤含水量的影响，与采煤沉陷裂缝宽度、沉陷裂缝密度[27]及裂缝不同垂直距离[28]都有很大关系，结果表明，裂缝密度与土壤含水量表现出显著负相关关系；距离裂缝中心越近，土壤水分的损失量越大，土壤水分的侧向蒸发明显增大。赵明鹏等[29]认为，采煤沉陷裂缝对土壤水分的影响比较明显，裂缝周围土壤水分从粗直的裂缝蒸发，导致沉陷裂缝周围土壤湿度显著下降。

关于采煤沉陷裂缝对矿区土壤养分、质量的影响研究较少。贺明辉等[30]研究了矿区阴坡及阳坡沉陷裂缝对土壤速效养分的影响特征，其结果表明，采煤沉陷裂缝对土壤速效养分具有显著影响，采煤沉陷造成土壤的速效养分在沉陷裂缝处中断，损失了大量的土壤速效养分。采煤沉陷裂缝对阴坡土壤速效养分的影响更大，沉陷裂缝对表层土壤的速效养分影响显著大于下层土壤；水分在土壤中的迁移使土壤的速效养分不断流失，并且加快其流失速度。采煤沉陷裂缝周围土壤受到风力侵蚀更为严重，致使裂缝周围土壤水分蒸发得更快，裂缝周围土壤的入渗速度也不断加快[31]。许传阳等[32]研究了采煤沉陷裂缝对土壤的影响特征，其结果表明，采煤沉陷裂缝改变了土壤的水肥特性和微生物学特性，降低了土壤的水肥特性和土壤酶活性。总之，采煤沉陷裂缝降低了土壤的持水作用[33]，导致土壤水分和养分损失严重，降低了裂缝周围土壤的质量。

1.2.4 采煤沉陷积水区对土壤特性的影响

高潜水位矿区煤炭被开采后，会形成以采煤工作面为中心的沉陷积水区，在径流、降水、风力等因素的共同作用下，原来的陆地生态环境逐渐演变成水生生态环境，形成水陆相互作用的自然综合体[34]。在高潜水位矿区，采煤沉陷容易形成常年积水区或者季节性积水区。

刘思和孟庆俊[35]选取淮南潘北矿区塌陷湿地，研究了采煤沉陷积水区周边土壤的总氮、总磷、速效磷、速效钾和有机质5个土壤指标的变化特征，并运用数值化综合评价沉陷积水区土壤的退化情况，其结果表明，土壤总氮、总磷的含量在空间分布上均有从非季节性积水区向季节性积水区递减的趋势；季节性积水区土壤肥力比非积水区的低，这表明，塌陷形成周边土壤加剧退化。麦霞梅等[36]以积水区为中心，采用射线型格网式布点方式垂直于塌陷斜坡均匀布点，研究了采煤沉陷地对土壤水分的影响特征，其结果表明，与常年积水沉陷盆地距离越近，沉陷深度越大，与地下潜水位的距离就越近，其周围土壤受到地下潜水的影响就越大。可见，土壤含水量距离沉陷常年积水区越远，其对土壤含水量的影响越小。俞海防等[37]研究了三矿采煤沉陷区土壤养分的空间变异特征，其结果表明，土壤养分均表现出由塌陷水域周边向外围逐渐减少的趋势。孟庆俊[38]围绕在季节性积水区和非积水区的土壤采样，研究了采煤沉陷地氮、磷含量的空间分布特征，其结果表明，从沉陷盆地边缘到沉陷积水区，土壤氮、磷含量总体呈下降趋势，这一规律在总氮、总磷、氨氮、有效磷方面都有明显的表现。采煤沉陷使矿区地表不断倾斜，在地表径流作用下，沉陷坡地土壤中氮、磷元素发生流失。在丰水期，靠近积水区的土壤被浸入水中，这一过程加速土壤中氮、磷的溶出，引起土壤氮、磷水平的下降，这一规律在土壤氮素的空间分布上表现得更明显。

采煤沉陷积水区周边的土壤由于受到地下水、侧渗水的双重影响，呈现盐渍化的趋势，其周边土壤呈现质地黏重、土壤板结、土壤盐分含量高等现象，进而造成土壤质量严重下降[39,40]。

1.2.5 土壤质量评价研究

土壤作为土地资源的重要载体，是人类生存和社会发展的基础性资源，土壤质量与人类生存和社会发展息息相关。由于土壤具有食物生存和环境缓冲的重要功能[41]，很多国家对土壤及其质量都给予了极大的关注。美国的 NRCS、ARS、Cooperative Extension Service 等机构一直鼓励和支持最优的管控措施，如控制土壤的侵蚀和加强土壤的营养管理，提升土壤的质量[42]。欧盟将土壤质量作为衡量各国可持续发展的重要考核指标[43]。

众多研究学者对土壤质量的概念存在不同看法。当前，Doran[44]和Parr[45]对土壤质量的定义在国际上比较通用，也就是土壤质量是指土壤肥力质量、环境质量和健康质量三个方面。我国学者曹志洪[46]对此也有相同的结论。中国土壤学术界把国际较权威的土壤质量概念与我国具体情况相结合，认为土壤质量是指在生态系统中，土壤提供生物养分和生物物质的能力；吸纳、化解土壤中污染物质和保持原有生态平衡的能力；维护生物生命安全和促进健康能力的综合量度[47,48]。总之，土壤质量评价就是在综合土壤各种功能的基础上，从时间、空间的维度衡量土壤的生产力等。

土壤质量在一般情况下是由土壤的类型、所处的生态系统类型及不同的土地利用方式等因素共同决定的。由于土壤质量的影响因素众多且评价目标不同，所以要想确定统一的土壤质量评价指标就显得十分困难[49]，国内外土壤学术界至今没有形成统一的土壤质量评价指标体系。Arshad 和 Martin[50]选择的土壤质量评价指标具有明显的目标性，即选择一些能够体现土壤特定属性功能的指标，并且能够准确地获得这些指标的值。Larson 和 Pierce[51]选择土壤结构、土壤强度和土壤质地作为监测土壤侵蚀和污染的土壤物理学指标。Morari 等[52]选择有效含水量和含水孔隙作为检测农田土壤质量演化的指标。土壤容重能够反映土壤的紧实度和土壤的孔隙大小状况，是评价耕作措施对耕地土壤质量影响的重要指标[53]；土壤结构[54-58]、团聚体的稳定性[59-61]则是十分重要的指标，这些指标都能够描述土壤维持农作物生长的状况。土壤有机质是土壤质量极其重要的属性之一[62,63]，美国水土保持学会[64,65]认为，土壤有机质是进行土壤质量评价指标时必须选择的指标。同时，土壤全氮、有效磷、速效钾、pH 值、CEC、电导率等是反映土壤质量动态评价的重要指标[66]，其为土壤质量的实时监测提供了有力的支撑。土壤生物学指标作为反映耕地土壤质量健康动态变化情况的敏感性指标，在耕地土壤质量评价中具有关键作用，土壤微生物指标包括土壤中的动物和微生物。土壤微生物量和土壤呼吸强度是准确反映土壤质量变化状况最敏感的指标[67]。Dick[68]选择土壤酶活性作为土壤质量评价指标，这些指标反映了由自然环境和耕地管理引起的土壤生物特性的动态变化特征。Holzapfel 等[69,70]认为，土壤微生物是反映土壤质量动态变化过程的特别敏感的土壤质量评价指标。

学术界对采煤沉陷地土壤质量评价的研究大多将采煤沉陷区作为统一的整体[71-76]。张发旺等[77]在分析采煤沉陷对矿区土壤水肥运移规律和土壤构型影响特征的基础上，分析采煤沉陷对土壤质量影响的变化规律。其结果表明，采煤沉陷造成的沉陷裂缝，不但使大量土壤水肥损失，还破坏了土壤的生态环境，降低了耕地土壤质量。姚国征等[78]通过运用典型判别分析与因子分析的方法对采煤沉陷区土壤质量进行研究。其结果表明，2 个沉陷区的土壤物理特性和土壤养分分别低于对照区；降低了土壤的体积质量，使得土壤的孔隙度升高；采煤沉陷对土壤有机质和全钾的影响不明显，土壤速效养分在整体上有活化的趋势；对研究区域进行了分级。周瑞平[79]为了评价不同沉陷年限对土壤质量的影响程度，分别建立采煤沉陷区土壤物理指标评价体系和采煤沉陷区土壤化学指标评价体系。其结果表明，采煤沉陷区土壤的物理性质随着沉陷年限的增加，其值不断变小，沉陷区土壤的物理性质指标值逐渐接近正常土壤的物理指标值；采煤沉陷对土壤化学性质造成的影响具有一定的滞后性，而且在采煤沉陷没有完全稳沉前，时间越长，沉陷土壤养分损失越严重。魏娜和唐倩[80]选取 PSR 概念模型，根据研究区的实际情况，构建土壤质量评价指标体系，包括采煤沉陷区不同方面和不同范畴的土壤指标。王新静等[81]建立的风沙区采煤沉陷地土壤质量评价模型，认为沉陷 1 年时间对土壤的扰动最大，此后扰动不断减小；采煤沉陷对土壤化学性质造成负面影响的时间要远远长于采煤沉陷对土壤物理性质造成影响的时间。蔡宇和张永兴[82]在深入分析采煤沉陷区耕地土壤质量的基础上，将采煤沉陷区耕地破损的地貌特征划分为可耕性破损、土壤环境破损和土壤本底质量破损，建立基于矿山地表移动变形规律的土壤质量评价指标体系，采用专家打分法和层次分析法确定了各个评价指标的权重，将矿区耕地土壤质量与沉陷区地表的移动变形规律联系起来。

1.3 研究中存在的问题与不足

目前，关于煤粮复合区采煤沉陷对土壤质量和农作物产量影响的研究虽引起了很多学者的关注，并进行了十分有益的探索，但研究成果主要集中在采煤沉陷坡地对土壤特性的影响方面，缺乏采煤沉陷（坡地、裂缝、积水区）对土壤质量评价的系统性研究，以及采煤沉陷地土壤质量对农作物的产量影响的研究。当前，研究中存在的主要问题可以概括为以下三个方面。

（1）关于采煤沉陷对土壤特性影响的研究大量投入在采煤沉陷坡地对土壤特性的影响上，关于采煤沉陷裂缝、采煤沉陷积水对周围土壤特性影响的研究相对较少，而关于采煤沉陷（坡地、裂缝、积水区）对耕地土壤质量影响的研究则更少，更加缺乏采煤沉陷（坡地、裂缝、积水区）对耕地土壤质量评价的全面系统性研究。

（2）关于采煤沉陷对农作物根际微环境影响的研究较少，缺乏采煤沉陷微地形对农作物根际效应影响的研究。

（3）关于煤粮复合区采煤沉陷地土壤质量综合评价指标体系的研究较少，缺乏采煤沉陷（坡地、裂缝、积水区）造成土壤退化的评价，而对土壤质量评价结果进行验证的研究则更少。

（4）关于采煤沉陷对农作物产量影响的定量研究较少，而且对采煤沉陷不同微地形（坡地、裂缝、积水区）造成农作物减产范围的研究更少。

1.4 研究目标、研究内容与研究方法

1.4.1 研究目标

本研究选择煤粮复合区典型采煤沉陷地为研究对象，充分利用野外调查，原位定点监测，室内分析、数理统计分析相结合的方法，分析采煤沉陷地（坡地、裂缝、积水）对土壤质量主要因子的影响，探讨采

煤沉陷地土壤质量环境因子、肥力因子、健康因子在不同微地形和不同土壤深度的空间分布规律,研究采煤沉陷对农作物根际微环境的影响特征,构建采煤沉陷地土壤质量评价模型和土壤质量退化评价模型,分析采煤沉陷地农作物根际与非根际土壤质量对玉米产量的影响,以期为煤粮复合区的土壤复垦、耕地报损和粮食的可持续生产提供理论依据。研究煤粮复合区采煤沉陷地煤矸石充填复垦农田不同复垦年限土壤质量的演变特征,以期为复垦农田土壤质量的提升提供参考依据。

1.4.2 研究内容

(1)采煤沉陷地土壤质量主要因子特征及其空间分布特征。本书基于野外原位定点监测和室内分析方法,研究采煤沉陷地不同微地形(坡地、裂缝、积水区)的土壤质量环境指标(土壤含水率、土壤 pH 值)、土壤质量肥力指标(土壤有机质、土壤全氮、土壤碱解氮、土壤全磷、土壤有效磷)、土壤质量健康指标(土壤蔗糖酶、土壤脲酶、土壤过氧化氢酶)特征及其空间分布,分析耕地土壤质量主要因子的空间分布特征,研究各土壤质量因子的相关关系。

(2)本书分析采煤沉陷时农作物根际微环境的影响,分析采煤沉陷(坡地、裂缝、积水区)对农作物根际土壤的理化性质、肥力、酶活性的影响,比较采煤沉陷地农作物根际与非根际土壤特性的差别,确定采煤沉陷对农作物根际效应的影响。

(3)采煤沉陷地土壤质量评价。本书根据采煤沉陷对耕地土壤质量主要因子的影响和相关关系分析结果,运用主成分分析等方法建立耕地土壤质量评价模型,对采煤沉陷地(坡地、裂缝、积水区)土壤质量和退化指数进行评价,并分析土壤质量在不同微地形(坡地、裂缝、积水区)的分布特征。

（4）采煤沉陷对玉米产量的影响。本书基于前两项研究结果，并结合野外定点玉米产量的监测数据，分析采煤沉陷地不同微地形土壤质量的差异及其对玉米产量的影响，建立玉米产量与土壤质量的定量关系式。

（5）采煤沉陷地复垦农田土壤质量演变特征。本书分析典型采煤沉陷地煤矸石充填复垦农田土壤质量因子的演变特征，揭示不同复垦年限复垦农田土壤质量的演变规律。

1.4.3 研究方法

本书依据土壤学、环境化学、生物化学和统计学等基本理论，综合运用土壤学、环境化学、生物化学、统计学等技术方法，在原位定点监测、室内培养与监测、建立数学模型等手段的基础上，研究采煤沉陷地土壤的质量环境指标、质量肥力指标和质量健康指标的影响，及其对玉米产量的影响，具体方法如下。

（1）资料收集及场地调研。本书收集国内外采煤沉陷地对土壤质量和农作物产量影响的相关文献，对煤粮复合区采煤沉陷地的基本情况进行实地调研。

（2）野外样品采集、实验室样品检测与模拟实验。本书在完成文献调研的基础上，进行实地样品采集；在实验室内测定土壤的含水率、pH值、有机质、全氮、碱解氮、全磷、有效磷等，并完成土壤的蔗糖酶、脲酶、过氧化氢酶的活性培养与测试；在夏玉米成熟期，实地对玉米进行测产验收。

（3）数据分析、模型建立。在场地和实验分析的基础上，本书引用主成分分析、模糊数学理论、Person 相关性分析等方法，运用SPSS19.0 统计软件和 Excel 2007 对实验数据进行处理和分析；厘清采煤沉陷地土壤数据之间的联系，建立适合的数学模型，对采煤沉陷地土壤质量及其退化指数进行评价；确定玉米产量和土壤质量指数的数学关系式。

1.5 技术路线

本研究采用野外原位定点监测、大田测产、室内分析等方法相结合的技术路线。本书通过野外调查和大田测产的方法，获取典型采煤沉陷地的沉陷情况和土地利用的现状，以及土地生产力等情况；通过室内实验分析、野外原位测定、大田测产等方法，研究采煤沉陷（坡地、裂缝、积水区）对土壤质量主要因子影响的空间变异性及其对农作物根际微环境的影响，进而分析土壤质量主要因子和农作物产量对采煤沉陷地的响应。在此基础上，本书建立采煤沉陷土壤质量综合评价指标体系，运用主成分分析的方法和模糊数学的基础理论，确定土壤质量评价指标的权重，对采煤沉陷地土壤质量及农作物根际土壤质量进行全面评价，并以未受采煤沉陷干扰的正常农田为对照区，计算采煤沉陷区耕地土壤质量的退化指数，进而分析采煤沉陷区土壤质量对玉米产量的影响。本书分析典型采煤沉陷地煤矸石充填复垦农田土壤质量因子的演变特征，揭示不同复垦年限复垦农田土壤质量的演变规律。本书的技术路线如图1-1 所示。

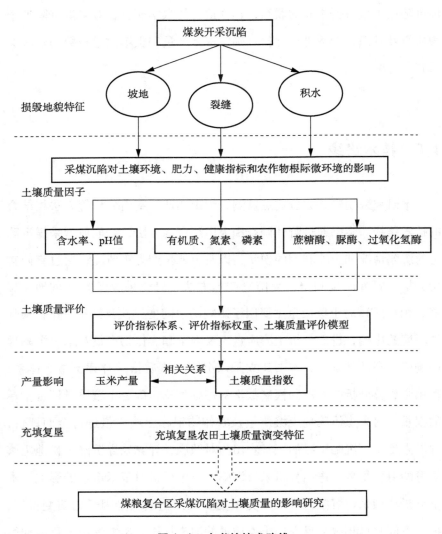

图 1-1　本书的技术路线

第 2 章

研究区概况与实施方案

2.1 研究区概况

2.1.1 地理位置

本书的研究区域位于河南煤化焦煤集团九里山矿采煤沉陷区。九里山矿区位于河南省焦作市东部 18km，坐标为 110°23′~113°26′E，39°17′~39°21′N，矿井总面积为 18.60km²，矿区所在地属焦作市管辖。

2.1.2 研究区域自然概况

本书研究区域属于太行山山前平原和冲积、洪积扇的边缘地带，地形、地貌比较平坦，其海拔高度为 85~117m，大部分地区海拔高度在 95m，属典型的暖温带大陆性干旱气候，四季分明。多年平均气温为 15℃，年降水流量为 475.6~698.0mm，多年平均降水量为 552.45mm。降水主要集中在每年的 7—9 月，这 3 个月的降水量之和占年降水总量的 61.7%；5 月、6 月、10 月的降水量之和占年降水总量的 32.7%；1—2 月的降水量在全年中是最少的。年蒸发量为 1700~2000mm。

九里山矿区 1983 年开始投产，主要采用走向、倾斜长壁分层采煤法，回采工艺采用综合机械化采煤和炮采，顶板管理方式为全部垮落法。该矿区已造成的沉陷区面积达到 481.53 公顷。根据预测，未来 5 年内还会造成大约 270 公顷的采煤沉陷区。

2.2　实施方案

（1）野外调查和土壤样品的采集。本研究首先在九里山矿区选择已经稳沉的煤粮复合区采煤沉陷地，该采煤沉陷地包含坡地、裂缝和积水区等地形地貌特征；根据采煤沉陷地微地形土壤的不同特性，在不同地形的范围内进行土壤剖面调查。

采煤沉陷坡地。本研究首先在上坡、中坡、下坡分别选取 4 个采样点，在选取的采样点上分别按照 0~20cm、20~40cm、40~60cm 的标准进行采样，然后将采样中心及其四周共 5 个点的土样混合而成一个土样，最后按四分法取 1kg 左右的土壤样品装入样品袋，共采集样品 36 个。采样点分布如图 2-1 所示。本研究将受裂缝影响土壤的区域定义为 SS，将距离水域 0m 的采样点定义为 S0，距离沉陷积水区 2m 的采样点定义为 S2，依次将距离裂缝 4m、6m、8m、10m 处的采样点分别定义为 S4、S6、S8、S10。

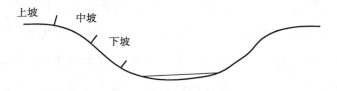

图 2-1　采煤沉陷坡地土壤采样示意图

采煤沉陷裂缝。本研究选取典型的沉陷裂缝（裂缝宽 30cm 左右，长约 50m，深约 300cm）作为研究对象。该裂缝处于沉陷坡地的外边缘区域，在距离裂缝边缘两侧（缝上、缝下）30cm、60cm、90cm、120cm、150cm 处分别采集土壤样品，并在选定的采样点分别按照 0~20cm、20~40cm、40~60cm 的标准进行采样，共采集样品 120 个。采样点分布如图2-2 所示。本研究将受裂缝影响土壤的区域定义为 SC，将距离裂缝30cm 的采样点定义为 C30，距离裂缝60cm 的采样点定义为 C60，依次将距离裂缝90cm、120cm、150cm 处的采样点定义为 C60、C120、C150。

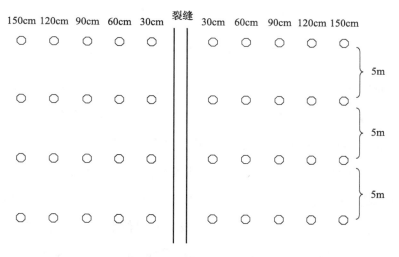

图2-2 采煤沉陷裂缝周边土壤采样点分布示意图

采煤沉陷积水区。本研究选取矿区采煤沉陷积水周边的土壤为研究对象，在距离沉陷积水区边缘 0m、2m、4m、6m、8m、10m 处分别采集土壤样品，并在选定的采样点分别按照 0~20cm、20~40cm、40~60cm 的标准进行采样，共采集样品 72 个。采样点分布如图2-3 所示。本研究将受积水影响土壤的区域定义为 SW，将距离积水区 0m 的采样点定义为 W0，距离沉陷积水区 2m 的采样点定义为 W2，依次将距离积水区 4m、6m、8m、10m 处的采样点分别定义为 W4、W6、W8、W10。

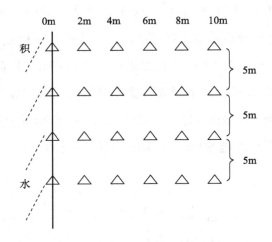

图2-3 采煤沉陷积水周边土壤采样点分布示意图

对照区。本研究选择附近没有受采煤沉陷影响的正常农田作为对照区，在对照区随机选取4个采样点，在选定的采样点分别按照0~20cm、20~40cm、40~60cm的标准进行采样，共采集样品12个。

（2）玉米产量的测算方法。本研究首先在与取土样对应的样点选取玉米测产的样点，每个样点取10行玉米测算玉米平均行距，然后选取具有代表性的2行玉米，计算玉米株距和单位距离的穗数，并计算每公顷玉米的穗数；在每个测定样方随机采摘20株玉米的果穗进行玉米穗粒数的测定。

本研究的玉米产量的计算公式为：玉米产量＝每公顷穗数×单穗粒数×百粒重×85%/1000；测产样地玉米品种均为"郑单958"。

（3）土壤性质的测定方法。本研究所有试验都在河南工程学院资源与环境学院和河南师范大学生命科学学院实验室完成。根据国内外相关文献和研究资料，以及实验室具备的试验条件，本研究选取的测试方法如下。

土壤含水率的测定：在采煤沉陷区采集土壤样品后，立即将土样装入铝盒密封后带回实验室待测，选取烘干称重法进行测定。

土壤 pH 值：电位法。本研究的具体电位法为：

土壤有机质——重铬酸钾容量法，全氮——凯氏定氮法，碱解氮——碱解扩散法，全磷——$HClO_4$-H_2SO_4 法，有效磷——比色法。

蔗糖酶——3，5-二硝基水杨酸比色法，脲酶——比色法，且每个距离点重复测试三次。过氧化氢酶——高锰酸钾滴定法。

（4）数据处理。本研究首先运用 Excel 2007 对测定的实验数据进行基础处理，然后采用 SPSS19.0 和 Excel 进行进一步处理；对土壤质量指标数据进行分析的主要内容为：单因素方差分析、多重比较分析、Person 相关分析、主成分分析，并运用 Excel 2007 进行作图。

第 **3** 章

采煤沉陷区土壤质量主要因子
特征及其空间分布

煤粮复合区是我国重要的能源、粮食生产基地。煤炭开采后会形成采煤沉陷地，并降低土壤的质量，而煤粮复合区土壤质量的高低决定了土地生产力的大小。因此，分析采煤沉陷区土壤质量主要因子的特征及其空间分布，对于评价采煤沉陷区土壤质量和维护国家粮食安全具有重要的意义。据此，本研究选择河南省焦作市九里山矿区的采煤沉陷区为研究对象，分析煤粮复合区土壤的含水率、酸碱性、养分和酶活性的特征及其空间分布状况，以期为煤粮复合区的土壤复垦、耕地报损和粮食可持续生产提供理论依据。

3.1 土壤含水率、pH 值的特征及其空间分布

3.1.1 土壤含水率的特征及其空间分布特征

土壤含水率是指土壤中水分的数量，是研究土壤水分时空变化特征的基础[83]。土壤水分是衡量土壤质量的重要指标，影响着土壤养分的溶解和转运，从而决定了土壤养分的空间分布特征[84]。由于土壤水分对土壤养分向农作物根际的迁移速度和迁移距离有着重要的影响，并决

定了土壤养分的有效性，所以土壤水分的盈亏直接决定了农作物的生长状况和产量高低。因此，研究煤粮复合区采煤沉陷地（坡地、裂缝、积水区）对土壤水分的影响具有十分重要的意义。

九里山矿煤粮复合区采煤沉陷地的土壤含水率见表3-1。采煤沉陷地（坡地、裂缝、积水区）对土壤含水率的影响具有一定的差异性。

在0~20cm土层，采煤沉陷坡地土壤含水率为16.45（±0.16）%，沉陷裂缝土壤含水率为13.23（±2.45）%，沉陷积水区土壤含水率为20.57（±4.51）%，而将整个采煤沉陷区作为一个整体进行统计分析，采煤沉陷地土壤含水率为17.09（±4.59）%。采煤沉陷区土壤含水率的变异情况为沉陷坡地、裂缝、积水区和沉陷地土壤含水率的变异系数分别为0.96%、18.50%、21.94%、26.84%。可见，沉陷坡地土壤含水率为弱变异，其余均为中等变异。采煤沉陷微地形中对土壤含水率影响的排序为沉陷积水区>沉陷裂缝>沉陷坡地。

表3-1　采煤沉陷地土壤含水率的统计结果

土壤层次（cm）	项目	SS	SC	SW	SL
0~20	均值（%）	16.45	13.23	20.57	17.09
	标准差（%）	0.16	2.45	4.51	4.59
	变异系数（%）	0.96	18.50	21.94	26.84
20~40	均值（%）	19.37	17.72	26.09	21.66
	标准差（%）	0.18	1.28	4.66	5.00
	变异系数（%）	0.95	7.22	17.87	23.09
40~60	均值（%）	17.60	16.37	28.58	21.87
	标准差（%）	0.18	0.90	4.79	6.68
	变异系数（%）	1.00	5.51	16.77	30.53

注：SS表示采煤沉陷坡地（Subsidence Slope），SC表示采煤沉陷裂缝（Subaidence Crack），SW表示采煤沉陷积水（Subsidence Water），SL表示采煤沉陷地（Subsidence Land），CK表示对照区，下同。

在 20~40cm 土层，采煤沉陷坡地土壤含水率为 19.37（±0.18）%，沉陷裂缝土壤含水率为 17.72（±1.28）%，沉陷积水区土壤含水率为 26.09（±4.66）%，采煤沉陷地土壤含水率为 21.66（±5.00）%。采煤沉陷区土壤含水率的变异情况为沉陷坡地、裂缝、积水和沉陷地土壤含水率的变异系数分别为 0.95%、7.22%、17.87%、23.09%。可见，采煤沉陷坡地和沉陷裂缝土壤含水率为弱变异，沉陷积水区土壤含水率的变异系数最大，为中等变异。

在 40~60cm 层，采煤沉陷坡地土壤含水率为 17.60（±0.18）%，沉陷裂缝土壤含水率为 16.37（±0.90）%，沉陷积水区土壤含水率为 28.58（±4.79）%，采煤沉陷地土壤含水率为 21.87（±6.68）%。采煤沉陷区土壤含水率的变异情况为沉陷坡地、裂缝、积水区和沉陷地土壤含水率的变异系数分别为 1.00%、5.51%、16.77%、30.53%。可见，采煤沉陷坡地和沉陷裂缝土壤含水率为弱变异，沉陷积水区土壤含水率的变异系数最大，为中等变异。

采煤沉陷裂缝显著降低了土壤的含水率，采煤沉陷积水区显著增加了土壤的含水率，其原因在于，采煤沉陷裂缝造成裂缝两边土壤与空气的接触面积增大，增加了土壤的蒸发面积，继而降低了土壤的含水量，而采煤沉陷积水区则显著增加了周围土壤的含水量。不同深度土壤层土壤含水率的变异系数不同，随着深度的增加，采煤沉陷对土壤含水率影响的变异系数不断减小。因此，采煤沉陷对土壤含水率的影响为表层>底层。

采煤沉陷坡地土壤含水率的空间分布特征如图 3-1 所示。从图 3-1 可见，煤粮复合区采煤沉陷坡地土壤含水率沿坡长分布具有显著的差异性（$p<0.05$）。不同深度土壤层土壤含水率从上坡到下坡呈增加的趋势，3 个土壤层的含水率变化具有一致性。在 0~20cm 层，上坡的土壤

含水率显著低于中坡，中坡的土壤含水率显著低于下坡，但三者都显著高于对照区，分别比对照区高了 0.89%、0.89%、1.55%。在 20～40cm层，上坡的土壤含水率显著低于中坡，中坡的土壤含水率显著低于下坡，但三者显著高于对照区，分别比对照区高了 1.50%、1.52%、2.21%。在 40～60cm 层，上坡和中坡的土壤含水率无显著差异，上坡和中坡的土壤含水率显著低于下坡，三者均显著高于对照区，分别比对照区高了 3.01%、2.98%、3.69%。因此，采煤沉陷坡土壤含水率在不同土壤深度具有明显的差异性。0～20cm 的土壤含水率最低，20～40cm的土壤含水率最高，40～60cm 的土壤含水率介于两者之间。

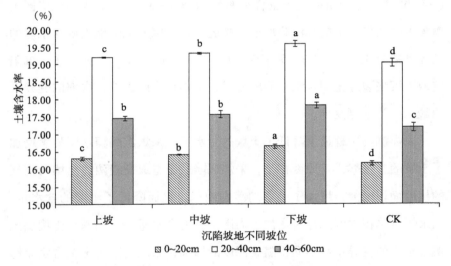

图 3-1　采煤沉陷坡地土壤含水率的空间分布

（注：不同小写字母表示处理间 0.05 水平差异显著）

采煤沉陷坡地土壤含水率显著高于对照区，其原因在于，煤炭开采造成的下沉盆地，使其地表明显低于正常耕地的地表水平，而且沉陷坡地越接近沉陷中心，土壤含水率就越高。适宜的土壤水分含量是农作物健康生长的基础条件。土壤含水率如果超过适宜范围，就会减少土壤的通气孔隙，影响农作物的根系呼吸，最终减缓农作物的生长进程。

采煤沉陷裂缝土壤含水率的空间分布特征如图 3-2 所示。从图 3-2 可见，采煤沉陷裂缝显著改变了土壤的含水率，随着与采煤沉陷裂缝距离的缩小，土壤水分损失量不断增多，土壤含水率逐渐降低。在 0~20cm 土层，当距离采煤沉陷裂缝超过 90cm 时，土壤含水率受到的采煤沉陷影响不显著；在 20~40cm 土层，当距离采煤沉陷裂缝超过 60cm 时，土壤含水率受到的采煤沉陷影响不显著；在 40~60cm 土层，当距离采煤沉陷裂缝超过 60cm 时，土壤含水率受到的采煤沉陷影响不显著。

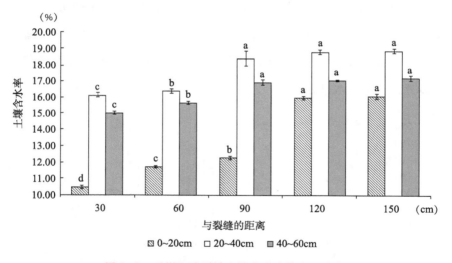

图 3-2 采煤沉陷裂缝土壤含水率的空间分布

（注：不同小写字母表示处理间 0.05 水平差异显著）

在 0~20cm 土层，沉陷裂缝显著减少了距离其 30cm、60cm、90cm 处的土壤含水率，并显著低于对照区，分别比对照区减少了 35.35%、27.55%、23.98%。在 20~40cm 土层，沉陷裂缝显著减少了距离其 30cm、60cm 处的土壤含水率，并显著低于对照区，分别比对照区减少了 15.28%、13.93%。在 40~60cm 土层，沉陷裂缝显著减少了距离其

30cm、60cm 处的土壤含水率，并显著低于对照区，分别比对照区减少了 12.56%、8.84%。因此，采煤沉陷裂缝对不同深度土壤的含水率具有不同的影响，随着深度的增加，采煤沉陷裂缝对土壤含水率的影响逐渐减少，土壤的损失量也逐渐变小。

采煤沉陷裂缝降低了土壤的含水率。采煤沉陷裂缝使其周围土壤的水分从粗直的裂缝蒸发到大气中，比经过极其弯曲的土壤孔隙的蒸发量要大很多，继而使风力挟走土壤中更多的水分。此外，采煤沉陷裂缝增加了土壤的孔隙度，使水分更容易蒸发。

采煤沉陷积水区土壤含水率的空间分布特征如图 3-3 所示。从图 3-3可见，采煤沉陷积水区对周围土壤含水率的影响程度具有显著的差异性。采煤沉陷积水区显著改变了其周围土壤的含水率，即距离积水区越近，土壤含水率越高。

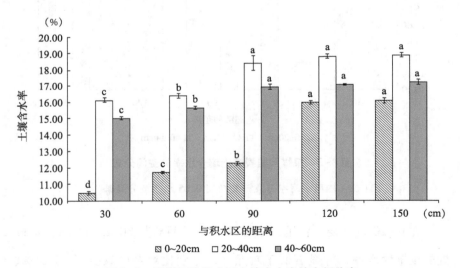

图 3-3　采煤沉陷积水区土壤含水率的空间分布

（注：不同小写字母表示处理间 0.05 水平差异显著）

在 0~20cm 土层，开采沉陷积水区显著增加了土壤的含水率，并显著高于对照区，分别比对照区增加了 85.03%、26.47%、22.89%、18.82%、6.05%、4.19%。在 20~40cm 土层，开采沉陷积水区显著增加了土壤的含水率，并显著高于对照区，分别比对照区增加了 72.74%、56.39%、43.00%、34.54%、11.34%、4.73%。在 40~60cm 土层，开采沉陷积水区显著增加了土壤的含水率，并显著高于对照区，分别比对照区增加了 112.86%、84.15%、68.44%、58.51%、44.39%、29.22%。因此，采煤沉陷积水区对不同深度土壤含水率的影响具有显著的差异性，采煤沉陷积水区对下层土壤含水率的影响要大于对上层土壤含水率的影响。其原因在于，沉陷积水区周围土壤受到沉陷积水和地下水的双重影响，深度越大，与地下水位的距离就越大，土壤含水率也会随之增大。

3.1.2 土壤 pH 值的特征及其空间分布特征

土壤酸碱性（pH 值）作为土壤的重要属性之一，影响和制约着土壤理化生特性[85,86]。土壤酸碱性是在土壤成土过程中形成的，是气候、水文、地质和生物等综合因素共同作用的结果。土壤酸碱性受到土壤周围大气气候、成土母质等条件的制约，是评价土壤质量的重要因子之一。土壤酸碱性影响着土壤中诸多营养元素的转化过程和释放过程，影响土壤的养分和土壤离子的交换过程、转化过程、迁移过程等[87,88]。因此，各种农作物的正常生长需要适宜的 pH 值，土壤 pH 值过大或者过小都会对土壤养分的有效性产生一定的影响，并对农作物的正常生长造成不利的影响[89]。因此，采煤沉陷会对土壤的酸碱性造成不同程度的影响，并改变土壤的质量和影响农作物的生长。

九里山矿煤粮复合区采煤沉陷地土壤 pH 值见表 3-2。采煤沉陷区不同微地形对土壤 pH 值的影响程度具有一定的差异性。在 0~20cm 土层，采煤沉陷坡地土壤 pH 值为 8.21(±0.14)，沉陷裂缝土壤 pH 值为

7.82(±0.22)，沉陷积水区土壤 pH 值为 8.45(±0.11)。本研究将整个采煤沉陷区作为一个整体进行考量，则采煤沉陷地土壤 pH 值为 8.16(±0.31)。采煤沉陷区土壤 pH 值的变异情况为，沉陷坡地、裂缝、积水区和沉陷地土壤 pH 值的变异系数分别为 1.71%、2.81%、1.26%、3.83%，均为弱变异。在沉陷地微地形中，沉陷裂缝对土壤 pH 值的影响最大。在 20~40cm 土层，采煤沉陷坡地土壤 pH 值为 7.97(±0.08)，沉陷裂缝土壤 pH 值为 7.76(±0.17)，沉陷积水区土壤 pH 值为 8.82(±0.13)，采煤沉陷地土壤 pH 值为 8.23(±0.51)。采煤沉陷区土壤 pH 值的变异情况为，沉陷坡地、裂缝、积水区和沉陷地土壤 pH 值的变异系数分别为 0.96%、2.23%、1.46%、6.14%，均为弱变异，其中沉陷裂缝土壤 pH 值的变异系数最大。

表 3-2　采煤沉陷地土壤 pH 值的统计结果

土壤层次（cm）	项目	SS	SC	SW	SL
0~20	均值	8.21	7.82	8.45	8.16
	标准差	0.14	0.22	0.11	0.31
	变异系数（%）	1.71	2.81	1.26	3.83
20~40	均值	7.97	7.76	8.82	8.23
	标准差	0.08	0.17	0.13	0.51
	变异系数（%）	0.96	2.23	1.46	6.14
40~60	均值	7.73	7.47	8.91	7.73
	标准差	0.06	0.16	0.16	0.06
	变异系数（%）	0.75	2.11	1.80	0.75

在 40~60cm 层，采煤沉陷坡地土壤 pH 值为 7.73(±0.06)，沉陷裂缝土壤 pH 值为 7.47(±0.16)，沉陷积水区土壤 pH 值为 8.91(±0.16)，采煤沉陷地土壤 pH 值为 7.73(±0.06)。采煤沉陷区土壤 pH 值的变异情况为，沉陷坡地、裂缝、积水区和沉陷地土壤 pH 值的变异系数分别为

0.75%、2.11%、1.80%、0.75%，均为弱变异，其中沉陷裂缝土壤 pH 值的变异系数最大；土壤 pH 值最小值出现在沉陷裂缝区，土壤 pH 值的最大值出现在沉陷积水区，其原因在于，采煤沉陷改变了土壤含水率，并影响了土壤 pH 值的大小。

采煤沉陷坡地土壤 pH 值的空间分布特征如图 3-4 所示。由图 3-4 可知，煤粮复合区采煤沉陷坡地土壤 pH 值沿坡长分布具有显著的差异性（$p<0.05$）。不同深度土壤层土壤 pH 值从上坡到下坡呈增加趋势，3 个土壤层的 pH 值变化具有一致性。在 0~20cm 层，上坡土壤的 pH 值与中坡土壤的 pH 值有显著的差异性，中坡土壤的 pH 值显著低于下坡土壤的 pH 值，中坡和下坡土壤的 pH 值显著高于对照区，分别比对照区高了 1.73%、3.38%，上坡土壤的 pH 值和对照区间差异不显著。在 20~40cm 层，上坡土壤的 pH 值显著低于中坡土壤的 pH 值，中坡土壤的 pH 值显著低于下坡土壤的 pH 值，中坡和下坡土壤的 pH 值显著高于

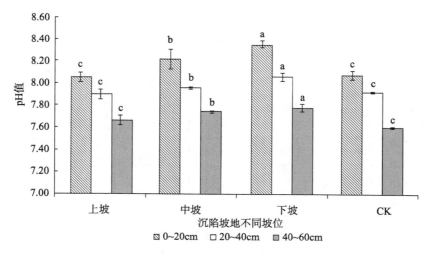

图 3-4　采煤沉陷坡地土壤 pH 值的空间分布

（注：不同小写字母表示处理间 0.05 水平差异显著）

对照区，分别比对照区高了 0.51%、1.77%，上坡土壤的 pH 值和对照区间差异不显著。在 40~60cm 层，上坡土壤的 pH 值与中坡土壤的 pH 值之间有显著的差异，中坡土壤的 pH 值与下坡土壤的 pH 值之间也有显著的差异性，中坡和下坡的土壤 pH 值显著高于对照区，分别比对照区高了 1.79%、2.32%，上坡土壤的 pH 值和对照区间差异不显著。采煤沉陷坡地土壤 pH 值在不同土壤深度具有明显的差异性，深层土壤的 pH 值低于表层土壤的 pH 值。

采煤沉陷裂缝土壤 pH 值的空间分布特征如图 3-5 所示。由图 3-5 可知，采煤沉陷裂缝显著改变了土壤的 pH 值，与沉陷裂缝的距离越近，土壤的 pH 值越低。在 0~20cm 土层，当距离采煤沉陷裂缝超过 90cm 时，土壤 pH 值受到的采煤沉陷影响不显著；在 20~40cm 土层，当距离采煤沉陷裂缝超过 60cm 时，土壤 pH 值率受到的采煤沉陷影响不显著；在 40~60cm 土层，当距离采煤沉陷裂缝超过 60cm 时，土壤 pH 值受到的采煤沉陷影响不显著。

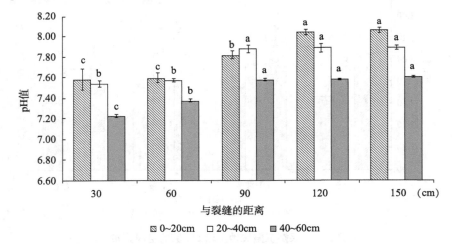

图 3-5　采煤沉陷裂缝区土壤 pH 值的空间分布

（注：不同小写字母表示处理间 0.05 水平差异显著）

在 0~20cm 土层，沉陷裂缝显著减少了距离其 30cm、60cm、90cm 处土壤的 pH 值，并显著低于对照区，分别比对照区减少了 6.23%、6.02%、3.22%。在 20~40cm 土层，沉陷裂缝显著减少了距离其 30cm、60cm 处土壤的 pH 值，并显著低于对照区，分别比对照区减少了 4.84%、4.41%。在 40~60cm 土层，沉陷裂缝显著减少了距离其 30cm、60cm 处土壤的 pH 值，并显著低于对照区，分别比对照区减少了 5.04%、3.07%。因此，采煤沉陷裂缝对不同深度土壤的 pH 值具有不同的影响，随着深度的增加，采煤沉陷裂缝对土壤 pH 值的影响逐渐减小。

采煤沉陷积水区土壤 pH 值的空间分布特征如图 3-6 所示，由图 3-6 可知，采煤沉陷积水区对周围土壤 pH 值的影响具有显著的差异性。在 0~20cm 土层，采煤沉陷积水区显著增加了土壤的 pH 值，并显著高于对照区，分别比对照区增加了 7.26%、4.50%、4.29%、3.55%、3.75%、3.80%。在 20~40cm 土层，采煤沉陷积水区显著增加了土壤的

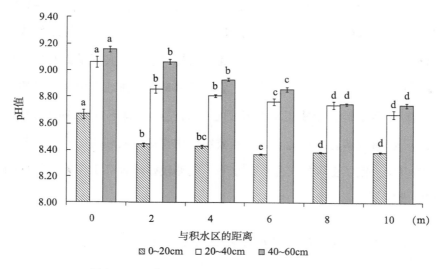

图 3-6 采煤沉陷积水影响土壤 pH 值的空间分布

（注：不同小写字母表示处理间 0.05 水平差异显著）

pH 值，并显著高于对照区，分别比对照区增加了 14.39%、11.87%、11.23%、10.69%、10.35%、9.47%。在 40~60cm 土层，采煤沉陷积水区显著增加了土壤的 pH 值，并显著高于对照区，分别比对照区增加了 20.43%、19.20%、17.45%、16.48%、15.08%、14.95%。因此，采煤沉陷积水区对不同深度土壤的 pH 值具有不同的影响，即随着深度的增加，采煤沉陷积水区对土壤 pH 值的影响逐渐增加。

3.2　土壤肥力的特征及其空间分布

土壤有机质是土壤组成的物质基础，是评价土壤肥力盈亏的关键指标之一，也是检验耕地土壤质量的基础性指标[90-92]，更是科学合理评价土壤质量最重要的指标。土壤有机质对土壤保肥和供肥的能力具有很好的促进作用，能够不断改善耕地土壤的结构、增强耕地土壤的生物活性，提高土壤的养分水平[93]。氮素是农作物正常生长需求最多的营养元素之一，土壤的全氮含量可以全面反映耕地土壤的实际供氮水平，是表征土壤质量的重要指标之一。土壤碱解氮是衡量耕地土壤速效氮的重要指标。磷素是农作物正常生长所必需的，是土壤不可或缺的营养元素。土壤有效磷是指耕地土壤中能被农作物直接吸收利用的磷素，其含量的多少决定了土壤的实际供磷水平，能够较好地表征土壤磷素供应的有效水平。

3.2.1　土壤有机质特征及其空间分布特征

土壤有机质是土壤的重要组成部分，是重要的碳源和氮源。它在土壤团粒结构形成的过程中起到了促进作用，并且能够改善耕地土壤的结构。土壤有机质含量要比矿物质少得多，在土壤肥力发展过程中起着关键的作用。土壤有机质具有胶体特性，能够吸附阳离子，是酸、碱和有毒害物质的缓冲剂[94,95]，决定了土壤结构的形成和物理性状的改善。

九里山矿煤粮复合区采煤沉陷地土壤有机质含量见表 3-3。采煤沉陷区不同微地形对土壤有机质的影响程度具有一定的差异性。

表 3-3　采煤沉陷地土壤有机质含量统计结果

土壤层次（cm）	项目	SS	SC	SW	SL
0~20	均值（g/kg）	22.69	19.92	17.27	19.82
	标准差（g/kg）	2.11	5.01	2.24	4.21
	变异系数（%）	9.31	25.17	12.94	21.24
20~40	均值（g/kg）	13.54	13.30	12.10	12.90
	标准差（g/kg）	0.18	0.57	1.58	1.24
	变异系数（%）	1.33	4.30	13.06	9.59
40~60	均值（g/kg）	9.23	9.22	8.61	9.01
	标准差（g/kg）	0.32	0.41	0.48	0.53
	变异系数（%）	3.51	4.44	5.59	5.84

在 0~20cm 土层，采煤沉陷坡地土壤有机质含量为 22.69（±2.11）g/kg，沉陷裂缝土壤有机质含量为 19.92（±5.01）g/kg，沉陷积水区土壤有机质含量为 17.27（±2.24）g/kg。本研究将整个采煤沉陷区作为整体进行统计分析，则采煤沉陷地土壤有机质含量为 19.82（±4.21）g/kg。采煤沉陷区土壤有机质含量的变异情况为，沉陷坡地、裂缝、积水区和沉陷地土壤有机质的变异系数分别为 9.31%、25.17%、12.94%、21.24%。沉陷坡土壤有机质为弱变异，其余均为中等变异。可见，采煤沉陷裂缝对土壤有机质的影响最大，造成的土壤有机质的损失量最大。

在 20~40cm 土层，采煤沉陷坡地土壤有机质含量为 13.54（±0.18）g/kg，沉陷裂缝土壤有机质含量为 13.30（±0.57）g/kg，沉陷积水区土壤有机质含量为 12.10(±1.58)g/kg，采煤沉陷地土壤有机质含量为 12.90 (±1.24)g/kg。采煤沉陷区土壤有机质含量的变异情况为，沉陷坡地、裂缝、积水区和沉陷地土壤有机质的变异系数分别为 1.33%、4.30%、13.06%、9.59%。采煤沉陷坡地和沉陷裂缝区有机质为弱变异，沉陷积水区土壤有机质的变异系数最大，为中等变异。

在 40~60cm 层，采煤沉陷坡地土壤有机质含量为 9.23(±0.32)g/kg，沉陷裂缝土壤有机质含量为 9.22(±0.41)g/kg，沉陷积水区土壤有机质含量为 8.61(±0.48)g/kg，采煤沉陷地土壤有机质含量为 9.01 (±0.53)g/kg。采煤沉陷区土壤有机质含量的变异情况为，沉陷坡地、裂缝、积水区和沉陷地土壤有机质含量的变异系数分别为 3.51%、4.44%、5.59%、5.84%，均为弱变异。

综上所述，采煤沉陷对不同土层土壤有机质含量的影响具有一定的差异性。采煤沉陷对 0~20cm 土层的土壤有机质含量的影响最大，其次是 20~40cm 土层，影响最小的是 40~60cm 土层。在采煤沉陷微地形中，沉陷裂缝对 0~20cm 土层的有机质含量影响最大，沉陷积水区对 20~40cm 土层和 40~60cm 土层的有机质含量影响最大，而采煤沉陷坡地对不同土层土壤有机质含量的影响相对最小。

无论是采煤沉陷区还是对照区，土壤有机质含量在剖面上的变化情况都是由表层向下逐渐递减的，而且对照区高于塌陷区。土壤有机质的损失主要由土壤侵蚀、有机质氧化决定。随着干湿交替频率和强度的增加，土壤通气性变得更好，其分解速度相应有所增加。此外，土壤的过度干燥会导致土壤中部分微生物死亡，降低土壤有机质含量。采煤沉陷使土壤裂缝情况较多，显著提高了沉陷区土壤的通气性，土壤微生物的活性显著增加，分解速度加快，有机物变成二氧化碳和水，氮磷钾以矿物质盐类的形式被释放，最终使土壤有机质含量大量减少。

　　由图 3-7（a）可见，煤粮复合区采煤沉陷区微地形对土壤有机质含量的影响具有一定的差异性，并且对不同土壤层的影响呈现不同的规律性。沉陷坡地土壤有机质含量沿坡长分布具有显著的差异性。在 0~20cm 土层，土壤有机质含量从上坡到下坡呈现减少的趋势，而在 20~40cm 土层和 40~60cm 土层，这类影响不显著。在 0~20cm 土层，上坡土壤的有机质含量显著高于中坡土壤的有机质含量，中坡土壤的有机质含量显著高于下坡土壤的有机质含量，沉陷地下坡土壤的有机质含量均显著低于对照区，分别比对照区减少了 3.59%、12.67%、22.17%。在 20~40cm 土层，采煤沉陷坡地土壤的有机质含量变化不显著。在 40~60cm 土层，上坡土壤的有机质含量显著高于中下坡土壤的有机质含量；中下坡土壤的有机质含量显著低于对照区，分别比对照区低了 2.08%、2.54%，上坡土壤的有机质含量变化不显著。因此，采煤沉陷坡地土壤有机质含量在不同土壤深度具有明显的差异性，并随着土壤深度的增加，土壤有机质的含量呈现减少的趋势。

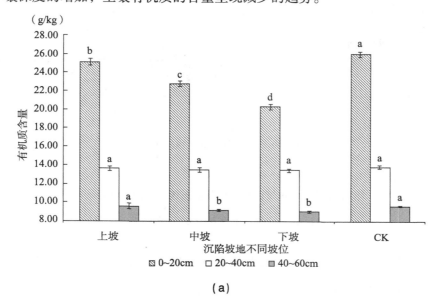

（a）

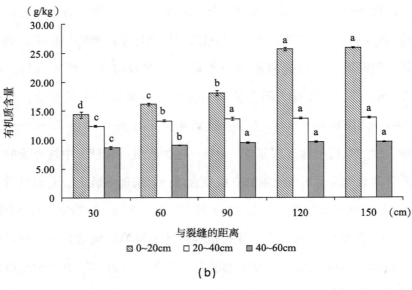

（b）

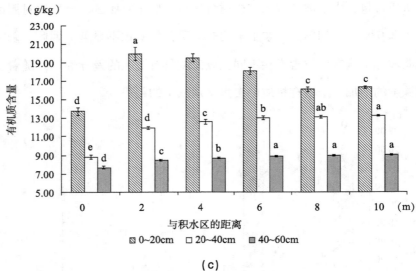

（c）

图 3-7　采煤沉陷地土壤有机质的空间分布特征

（注：不同小写字母表示处理间 0.05 水平差异显著）

由图 3-7（b）可见，采煤沉陷裂缝显著改变了土壤的有机质含量，距离沉陷裂缝越近，土壤的有机质含量越低。在 0~20cm 土层，当距离采煤沉陷裂缝超过 90cm 时，土壤有机质含量受到的采煤沉陷影响不显著；在 20～40cm 土层，当距离采煤沉陷裂缝超过 60cm 时，土壤有机质含量受到的采煤沉陷影响不显著；在 40～60cm 土层，当距离采煤沉陷裂缝超过 60cm 时，土壤有机质含量受到的采煤沉陷影响不显著。

在 0～20cm 土层，沉陷裂缝显著减少了距离其 30cm、60cm、90cm 处的土壤有机质含量，并显著低于对照区，分别比对照区减少了 45.10%、38.40%、31.04%。在 20～40cm 土层，沉陷裂缝显著减少了距离其 30cm、60cm 处的土壤有机质含量，并显著低于对照区，分别比对照区减少了 10.87%、4.33%。在 40～60cm 土层，沉陷裂缝显著减少了距离其 30cm、60cm 处的土壤有机质含量，并显著低于对照区，分别比对照区减少了 10.41%、6.52%。因此，采煤沉陷裂缝对不同深度土壤的有机质含量具有不同的影响，随着深度的增加，采煤沉陷裂缝对土壤有机质含量的影响逐渐减小，土壤有机质的损失量也逐渐变小。

由图 3-7（c）可见，采煤沉陷积水区对其周围土壤有机质含量的影响程度具有显著的差异性。在 0～20cm 土层，采煤沉陷积水区显著减少了土壤有机质含量，并显著低于对照区，分别比对照区减少了 47.10%、23.35%、25.11%、30.40%、38.32%、37.58%。在 20～40cm 土层，采煤沉陷积水区显著减少了土壤有机质含量，并显著低于对照区，分别比对照区减少了 36.05%、13.74%、8.95%、5.95%、5.00%、4.25%。在 40～60cm 土层，采煤沉陷积水区显著减少了土壤有机质含量，并显著低于对照区，分别比对照区减少了 20.05%、12.21%、9.58%、7.48%、6.76%、5.86%。因此，采煤沉陷积水区对不同深度土壤的有机质含量具有不同的影响，随着深度的增加，采煤沉陷积水区对土壤有机质含量的影响逐渐减小，土壤有机质的损失量也逐渐变小。

3.2.2 土壤氮素特征及其空间分布特征

土壤氮素是农作物健康生长所必需的营养元素之一[96-98]。土壤全氮是包括矿质氮、有机氮以及黏土矿物固定的氮，是农作物从土壤中吸收氮的来源，其含量的多少会影响农作物的生长和产量。碱解氮包括无机矿物态氮和部分有机质中的有机态氮。土壤中的碱解氮是硝态氮、铵态氮、氨基酸、酰胺和易水解的蛋白质氮的总和，能够反映耕地土壤当前氮的供应状况[99]。土壤中氮素的含量及其形态是评价土壤质量的关键指标之一。

九里山矿煤粮复合区采煤沉陷地土壤全氮和碱解氮含量见表3-4。采煤沉陷区不同微地形对土壤全氮和碱解氮含量产生了不同程度的影响。在0~20cm土层，采煤沉陷坡地土壤全氮和碱解氮的含量分别为1.48（±0.09）g/kg、167.05（±25.43）mg/kg，沉陷裂缝土壤全氮和碱解氮的含量分别为1.56（±0.17）g/kg、153.78（±37.93）mg/kg，沉陷积水区土壤全氮和碱解氮的含量分别为 1.44（±0.08）g/kg、149.56（±46.29）mg/kg。本研究将整个采煤沉陷区作为一个整体进行统计分析，则采煤沉陷地土壤全氮和碱解氮的含量分别为1.51（±0.15）g/kg、160.17（±39.52）mg/kg。采煤沉陷区土壤全氮含量的变异情况为，沉陷坡地、裂缝、积水区和沉陷地土壤全氮含量的变异系数分别为6.18%、10.81%、5.78%、9.68%，沉陷坡地土壤全氮含量为弱变异，其余均为中等变异。可见，采煤沉陷裂缝对土壤全氮含量的影响最大，造成土壤全氮的损失量最大。采煤沉陷区土壤碱解氮含量的变异情况为，沉陷坡地、裂缝、积水区和沉陷地土壤碱解氮含量的变异系数分别为15.22%、

24.66%、30.95%、24.68%，采煤沉陷区土壤碱解氮含量均为中等变异。可见，采煤沉陷积水区对土壤碱解氮含量的影响最大，造成土壤碱解氮的损失量最大。

表 3-4 采煤沉陷地土壤全氮和碱解氮含量统计结果

指标	土壤层次（cm）	项目	SS	SC	SW	SL
全氮	0~20	均值（g/kg）	1.48	1.56	1.44	1.51
		标准差（g/kg）	0.09	0.17	0.08	0.15
		变异系数（%）	6.18	10.81	5.78	9.68
	20~40	均值（g/kg）	0.98	0.94	0.87	0.93
		标准差（g/kg）	0.06	0.08	0.06	0.09
		变异系数（%）	6.52	8.55	7.19	9.32
	40~60	均值（g/kg）	0.76	0.77	0.75	0.77
		标准差（g/kg）	0.04	0.08	0.05	0.07
		变异系数（%）	4.77	10.91	7.18	8.59
碱解氮	0~20	均值（mg/kg）	167.05	153.78	149.56	160.17
		标准差（mg/kg）	25.43	37.93	46.29	39.52
		变异系数（%）	15.22	24.66	30.95	24.68
	20~40	均值（mg/kg）	110.77	110.98	86.36	102.33
		标准差（mg/kg）	14.92	20.29	6.73	19.66
		变异系数（%）	13.47	18.28	7.80	19.21
	40~60	均值（mg/kg）	87.46	86.36	68.62	80.24
		标准差（mg/kg）	7.75	12.74	6.32	13.39
		变异系数（%）	8.87	14.75	9.22	16.69

在 20~40cm 土层，采煤沉陷坡地土壤全氮和碱解氮的含量分别为 0.98(±0.06)g/kg、110.77(±14.92)mg/kg，沉陷裂缝土壤全氮和碱解氮的含量分别为 0.94(±0.08)g/kg、110.98(±20.29)mg/kg，沉陷积水区土壤全氮和碱解氮的含量分别为 0.87(±0.06)g/kg、86.36(±6.73) mg/kg。本研究将整个采煤沉陷区作为一个整体进行统计分析，则采煤沉陷地土壤全氮和碱解氮的含量分别为 0.93（±0.09）g/kg、102.33（±19.66）mg/kg。采煤沉陷区土壤全氮含量的变异情况为，沉陷坡地、裂缝、积水区和沉陷地土壤全氮含量的变异系数分别为 6.52%、8.55%、7.19%、9.32%，沉陷坡土壤全氮含量均为弱变异。由此可见，采煤沉陷裂缝对土壤全氮含量的影响最大，造成土壤全氮的损失量最大。采煤沉陷区土壤碱解氮含量的变异情况为，沉陷坡地、裂缝、积水区和沉陷地土壤碱解氮含量的变异系数分别为 13.47%、18.28%、7.80%、19.21%，沉陷区土壤碱解氮含量均为中等变异。由此可见，采煤沉陷裂缝对土壤碱解氮含量的影响最大，造成土壤碱解氮的损失量最大。

在 40~60cm 土层，采煤沉陷坡地土壤全氮和碱解氮的含量分别为 0.76（±0.04）g/kg、87.46（±7.75）mg/kg，沉陷裂缝土壤全氮和碱解氮的含量分别为 0.77（±0.08）g/kg、86.36（±12.74）mg/kg，沉陷积水区土壤全氮和碱解氮的含量分别为 0.75（±0.05）g/kg、68.62（±6.32）mg/kg。本研究将整个采煤沉陷区作为一个整体进行统计分析，则采煤沉陷地土壤全氮和碱解氮的含量分别为 0.77（±0.07）g/kg、80.24（±13.39）mg/kg。采煤沉陷区土壤全氮含量的变异情况为，沉陷坡地、裂缝、积水区和沉陷地土壤全氮含量的变异系数分别为 4.77%、10.91%、7.18%、8.59%，沉陷坡土壤全氮含量为弱变异，其余均为中等变异。由此可见，采煤沉陷裂缝对土壤全氮含量的影响最大，造成土壤全氮的损失量最大。采煤沉陷区土壤碱解氮含量的变异情况为，沉陷坡地、裂缝、积水区和沉陷地土壤碱解氮含量的变异系数分别为 8.87%、14.75%、9.22%、16.69%，沉陷坡地土壤碱解氮含量为弱变异，其余均为中等变异。由此可见，采煤沉陷裂缝对土壤碱解氮含量的影响最大，造成土壤碱解氮的损失量最大。

综上所述，采煤沉陷对不同土层的土壤全氮和碱解氮含量的影响具有一定的差异性。采煤沉陷裂缝对 0~20cm 土层的土壤全氮和碱解氮的含量影响最大，其次是对 20~40cm 土层的影响，对土壤全氮和碱解氮的含量影响最小的是 40~60cm 土层。在采煤沉陷区微地形中，沉陷裂缝对 0~20cm 土层的全氮含量影响最大，沉陷积水区对 0~20cm 土层的碱解氮含量影响最大，沉陷裂缝对 20~40cm 土层和 40~60cm 土层的全氮和碱解氮含量影响均为最大，而采煤沉陷坡地对不同土层的土壤全氮和碱解氮含量影响相对最小。

由图 3-8（a）可见，九里山矿煤粮复合区采煤沉陷微地形对土壤全氮含量产生不同程度的影响，并且对不同土壤层的影响呈现不同的规律性。沉陷坡地土壤全氮含量沿坡长分布具有显著的差异性。在 0~20cm 土层和 20~40cm 土层，土壤全氮从上坡到下坡呈现减少的趋势，而在 40~60cm 土层，该影响不显著。在 0~20cm 土层，上坡的土壤全氮含量显著高于中坡的土壤全氮含量，中坡的土壤全氮含量显著高于下坡的土壤全氮含量，沉陷坡地的土壤全氮含量均显著低于对照区，分别比对照区减少了 11.63%、16.14%、23.08%。在 20~40cm 土层，采煤沉陷坡地的土壤全氮含量与土壤表层呈现相同的规律性，但是上坡的土壤全氮含量与对照区无显著差异，中坡和下坡的土壤全氮含量显著低于对照区，分别比对照区减少了 7.32%、12.74%。在 40~60cm 土层，上坡的土壤全氮含量与对照区相比无显著差异；中坡和下坡的土壤全氮含量显著低于对照区，分别比对照区减少了 10.89%、15.18%。因此，采煤沉陷坡地对不同深度的土壤全氮含量具有不同的影响，随着深度的增加，采煤沉陷坡地对土壤全氮含量的影响逐渐减小，土壤全氮的损失量也逐渐变小。

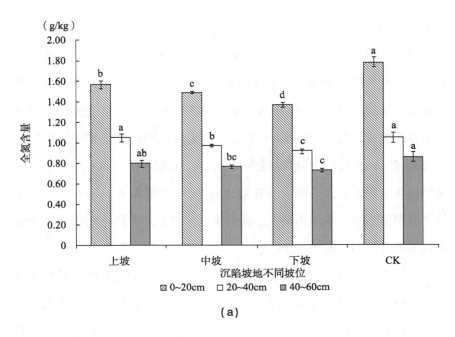

（a）

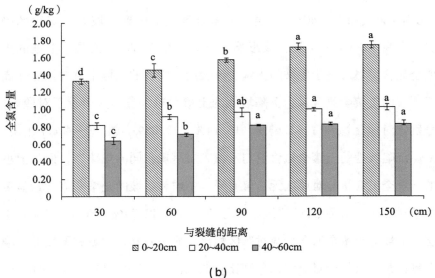

（b）

由图 3-8（b）可见，采煤沉陷裂缝显著改变了土壤的全氮含量，距离沉陷裂缝越近，土壤的全氮含量越低。在 0~20cm 土层，当距离采

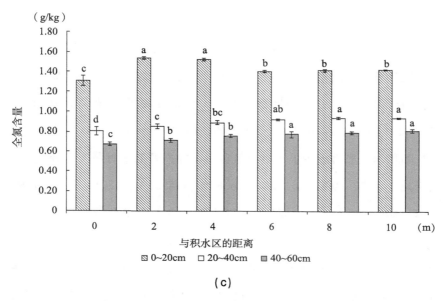

（c）

图 3-8　采煤沉陷地土壤全氮的空间分布特征

（注：不同小写字母表示处理间 0.05 水平差异显著）

煤沉陷裂缝超过 90cm 时，土壤全氮含量受到的采煤沉陷影响不显著；在 20~40cm 土层，当距离裂缝超过 60cm 时，土壤全氮含量受到的采煤沉陷影响不显著；在 40~60cm 土层，当距离裂缝超过 60cm 时，土壤全氮含量受到的采煤沉陷影响不显著。在 0~20cm 土层，沉陷裂缝显著减少了距离其 30cm、60cm、90cm 处的土壤全氮含量，并显著低于对照区，分别比对照区减少了 25.52%、18.76%、12.01%。在 20~40cm 土层，沉陷裂缝显著减少了距离其 30cm、60cm 处的土壤全氮含量，并显著低于对照区，分别比对照区减少了 22.29%、12.74%。在 40~60cm 土层，沉陷裂缝显著减少了距离其 30cm、60cm 处的土壤全氮含量，并显著低于对照区，分别比对照区减少了 25.29%、17.12%。因此，采煤沉陷裂缝对不同深度的土壤全氮含量具有不同的影响，随着深度的增加，采煤沉陷裂缝对土壤全氮含量的影响逐渐减小，土壤全氮的损失量也逐渐变小。

由图 3-8（c）可见，采煤沉陷积水区对其周围土壤全氮含量的影响程度具有显著的差异性。在 0~20cm 土层，采煤沉陷积水区显著减少了土壤全氮含量，并显著低于对照区，分别比对照区减少了 26.45%、13.38%、14.01%、20.74%、20.13%、19.86%。在 20~40cm 土层，采煤沉陷积水区显著减少了土壤全氮含量，并显著低于对照区，分别比对照区减少了 27.39%、20.70%、16.88%、14.01%、12.10%、11.78%。在 40~60cm 土层，采煤沉陷积水区显著减少了土壤全氮含量，并显著低于对照区，分别比对照区减少了 21.79%、17.12%、12.45%、10.12%、7.78%、5.45%。因此，采煤积水区对不同深度的土壤全氮含量具有不同的影响，随着深度的增加，采煤沉陷积水区对土壤全氮含量的影响逐渐减小，土壤全氮的损失量也逐渐变小。

由图 3-9（a）可见，九里山矿煤粮复合区采煤沉陷微地形对土壤碱解氮含量产生不同程度的影响，并且对不同土壤层的影响表现出不同的规律性。沉陷坡地土壤碱解氮含量沿坡长分布具有显著的差异性。采煤沉陷坡地不同土层的土壤碱解氮含量从上坡到下坡均呈现减少的趋势。在 0~20cm 土层，上坡土壤的碱解氮含量显著高于中坡土壤的碱解氮含量，中坡土壤的碱解氮含量显著高于下坡土壤的碱解氮含量，上坡土壤的碱解氮含量与对照区相比无显著差异，下坡和中坡土壤的碱解氮含量显著低于对照区，分别比对照区减少了 16.95%、29.70%。在 20~40cm 土层，采煤沉陷坡地土壤的碱解氮含量与土壤表层的碱解氮含量表现出一致的规律性，但是上坡土壤的碱解氮含量与对照区相比无显著差异，中坡和下坡的土壤碱解氮含量显著低于对照区，分别比对照区减少了 13.88%、27.24%。在 40~60cm 土层，上坡的土壤碱解氮含量与对照区相比无显著差异；中坡和下坡的土壤碱解氮含量显著低于对照区，分别比对照区低了 11.60%、18.34%。因此，采煤沉陷坡地对不同深度的土壤碱解氮含量具有不同的影响，随着深度的增加，采煤沉陷坡地对土壤碱解氮含量的影响逐渐减小，土壤碱解氮的损失量也逐渐变小。

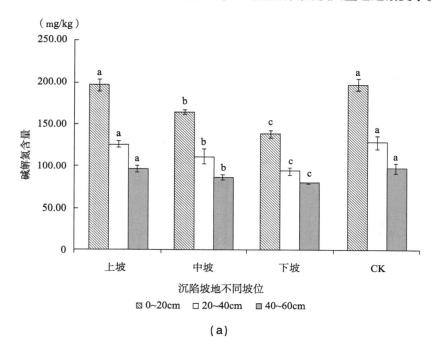

（a）

由图 3-9（b）可见，采煤沉陷裂缝显著改变了土壤的碱解氮含量，即距离沉陷裂缝越近，土壤的碱解氮含量越低。在 0~20cm 土层，当距离采煤沉陷裂缝超过 90cm 时，土壤碱解氮含量受到的采煤沉陷影响不显著；在 20~40cm 土层，当距离裂缝超过 60cm 时，土壤碱解氮含量受到的采煤沉陷影响不显著；在 40~60cm 土层，当距离裂缝超过 60cm 时，土壤碱解氮含量受到的采煤沉陷影响不显著。在 0~20cm 土层，沉陷裂缝显著减少了距离其 30cm、60cm、90cm 处的土壤碱解氮含量，并显著低于对照区，分别比对照区减少了 49.26%、37.85%、17.54%。在 20~40cm 土层，沉陷裂缝显著减少了距离其 30cm、60cm 处的土壤

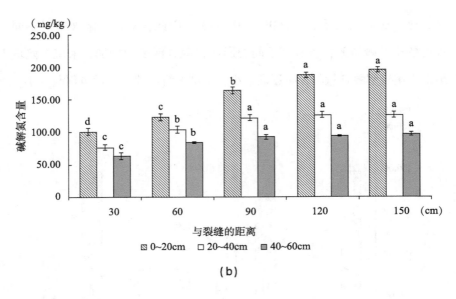

（b）

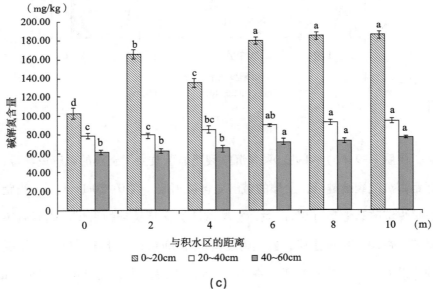

（c）

图 3-9　采煤沉陷地土壤碱解氮含量的空间分布特征

（注：不同小写字母表示处理间 0.05 水平差异显著）

碱解氮含量，并显著低于对照区，分别比对照区减少了 41.17%、

19.74%。在40~60cm土层，沉陷裂缝显著减少了距离其30cm、60cm处的土壤碱解氮含量，并显著低于对照区，分别比对照区减少了34.56%、13.86%。因此，采煤沉陷裂缝对不同深度的土壤碱解氮具有不同的影响，随着深度的增加，采煤沉陷裂缝对土壤碱解氮的影响逐渐减小，土壤碱解氮的损失量也逐渐变小。

由图3-9（c）可见，采煤沉陷积水区对其周围土壤碱解氮含量的影响具有显著的差异性。在0~20cm土层，采煤沉陷积水区显著减少了土壤碱解氮含量，并显著低于对照区，分别比对照区减少了48.07%、16.55%、31.78%、9.38%、6.86%、6.35%。在20~40cm土层，采煤沉陷积水区显著减少了土壤碱解氮含量，并显著低于对照区，分别比对照区减少了39.60%、38.96%、34.53%、31.16%、28.48%、27.45%。在40~60cm土层，采煤沉陷积水区显著减少了土壤碱解氮含量，并显著低于对照区，分别比对照区减少了37.35%、35.87%、32.83%、26.03%、24.93%、21.47%。因此，采煤沉陷积水区对不同深度的土壤碱解氮含量具有不同的影响，随着深度的增加，采煤沉陷积水区对土壤碱解氮的影响逐渐减小，土壤碱解氮的损失量也逐渐变小。

3.2.3 土壤磷素特征及其空间分布特征

磷素是土壤肥力的重要组成部分。在成土过程中，土壤磷的风化过程、淋溶过程和富集迁移过程共同影响其磷素含量，其中土壤微生物的富集迁移过程对磷元素的累积起着决定性作用[100]。土壤全磷含量主要由土壤质地、矿物成分、剖面层次等共同决定。土壤速效磷是判断耕地土壤磷素盈亏的主要指标[101]。在土壤—植物的生态系统中，磷素的循环转化比氮素的循环转化简单很多，基本全部由土壤自身供给。因此，土壤速效磷含量可以作为土地施肥的重要依据[102]。

　　九里山矿煤粮复合区采煤沉陷地土壤全磷和有效磷含量见表3-5。采煤沉陷区不同微地形对土壤全磷和有效磷含量产生了不同程度的影响。

　　在0~20cm土层，采煤沉陷坡地土壤全磷和有效磷的含量分别为0.45(±0.05)g/kg、13.54(±3.11)mg/kg，沉陷裂缝土壤全磷和有效磷的含量分别为0.38(±0.09)g/kg、12.90(±3.38)mg/kg，沉陷积水区土壤全磷和有效磷的含量分别为0.39(±0.08)g/kg、10.41(±1.44)mg/kg。本研究将整个采煤沉陷区作为一个整体进行统计分析，则采煤沉陷地土壤全磷和有效磷的含量分别为0.41(±0.08)g/kg、12.30(±3.08)mg/kg。采煤沉陷区土壤全磷含量的变异情况为，沉陷坡地、裂缝、积水区和沉陷地土壤全磷含量的变异系数分别为10.17%、23.02%、20.77%、19.91%，沉陷坡地土壤全磷含量均为中等变异。可见，采煤沉陷裂缝对土壤全磷含量的影响最大，造成的土壤全磷损失量最大。采煤沉陷区土壤有效磷含量的变异情况为，沉陷坡地、裂缝、积水区和沉陷地土壤有效磷含量的变异系数分别为22.94%、26.16%、13.84%、25.08%，采煤沉陷区土壤有效磷含量均为中等变异。可见，采煤沉陷裂缝对土壤有效磷含量的影响最大，造成的土壤有效磷损失量最大。

表3-5　采煤沉陷地土壤全磷和有效磷含量统计结果

指标	土壤层次（cm）	项目	SS	SC	SW	SL
全磷	0~20	均值（g/kg）	0.45	0.38	0.39	0.41
		标准差（g/kg）	0.05	0.09	0.08	0.08
		变异系数（%）	10.17	23.02	20.77	19.91
	20~40	均值（g/kg）	0.27	0.29	0.21	0.25
		标准差（g/kg）	0.02	0.05	0.03	0.06
		变异系数（%）	8.57	17.62	14.51	21.92
	40~60	均值（g/kg）	0.18	0.17	0.14	0.16
		标准差（g/kg）	0.02	0.04	0.03	0.03
		变异系数（%）	10.55	20.80	19.88	21.34

续表

指标	土壤层次 （cm）	项目	SS	SC	SW	SL
有效磷	0~20	均值（mg/kg）	13.54	12.90	10.41	12.30
		标准差（mg/kg）	3.11	3.38	1.44	3.08
		变异系数（%）	22.94	26.16	13.84	25.08
	20~40	均值（mg/kg）	8.79	8.99	6.39	8.01
		标准差（mg/kg）	1.24	1.98	0.86	1.94
		变异系数（%）	14.11	21.97	13.44	24.20
	40~60	均值（mg/kg）	3.96	4.56	2.63	3.75
		标准差（mg/kg）	1.15	1.11	0.18	1.23
		变异系数（%）	29.07	24.38	6.68	32.69

在 20~40cm 土层，采煤沉陷坡土壤全磷和有效磷的含量分别为 0.27（±0.02）g/kg、8.79（±1.24）mg/kg，沉陷裂缝土壤全磷和有效磷的含量分别为 0.29（±0.05）g/kg、8.99（±1.98）mg/kg，沉陷积水区土壤全磷和有效磷的含量分别为 0.21（±0.03）g/kg、6.39（±0.86）mg/kg。本研究将整个采煤沉陷区作为一个整体进行统计分析，则采煤沉陷地土壤全磷和有效磷的含量分别为 0.25（±0.06）g/kg、8.01（±1.94）mg/kg。采煤沉陷区土壤全磷含量的变异情况为，沉陷坡地、裂缝、积水区和沉陷地土壤全磷含量的变异系数分别为 8.57%、17.62%、14.51%、21.92%，沉陷坡地土壤全磷含量均为弱变异。可见，采煤沉陷裂缝对土壤全磷含量的影响最大，造成的土壤全磷损失量最大。采煤沉陷区土壤有效磷含量的变异情况为，沉陷坡地、裂缝、积水区和沉陷地土壤有效磷含量的变异系数分别为 14.11%、21.97%、13.44%、24.20%，沉陷区土壤有效磷含量均为中等变异。可见，采煤沉陷裂缝对土壤有效磷含量的影响最大，造成的土壤有效磷损失量最大。

在 40~60cm 土层，采煤沉陷坡地土壤全磷和有效磷的含量分别为 0.18（±0.02）g/kg、3.96（±1.15）mg/kg，沉陷裂缝土壤全磷和有效磷的含量分别为 0.17（±0.04）g/kg、4.56（±1.11）mg/kg，沉陷积水区土壤全磷和有效磷的含量分别为 0.14（±0.03）g/kg、2.63（±0.18）mg/kg。本研究将整个采煤沉陷区作为一个整体进行统计分析，则采煤沉陷区土壤全磷和有效磷的含量分别为 0.16（±0.03）g/kg、3.75（±1.23）mg/kg。采煤沉陷区土壤全磷含量的变异情况为，沉陷坡地、裂缝、积水区和沉陷地土壤全磷含量的变异系数分别为 10.55%、20.80%、19.88%、21.34%，沉陷坡地土壤全磷含量为弱变异，其余均为中等变异。可见，采煤沉陷裂缝对土壤全磷含量的影响最大，造成的土壤全磷损失量最大。采煤沉陷区土壤有效磷含量的变异情况为，沉陷坡地、裂缝、积水区和沉陷地土壤有效磷含量的变异系数分别为 29.07%、24.38%、6.68%、32.69%，沉陷坡地土壤有效磷含量为弱变异，其余均为中等变异。可见，采煤沉陷裂缝对土壤有效磷含量的影响最大，造成土壤有效磷的损失量最大。

综上所述，采煤沉陷对不同土层的土壤全磷和有效磷含量的影响具有一定的差异性。采煤沉陷裂缝对 0~20cm 土层的土壤全磷和有效磷的影响最大，这类影响其次是对 20~40cm 土层，影响最小的是对 40~60cm 土层。在采煤沉陷区微地形中，沉陷裂缝对 0~20cm 土层和 20~40cm 土层的全磷和有效磷含量影响均为最大，沉陷裂缝对 40~60cm 土层的全磷含量影响最大；沉陷坡地对 40~60cm 土层的有效磷含量影响最大，而对不同土层的土壤全磷含量的影响最小，沉陷坡地对 0~20cm 土层和 20~40cm 土层的土壤有效磷含量影响最小。

由图 3-10（a）可见，九里山矿煤粮复合区采煤沉陷微地形对土壤全磷含量产生不同程度的影响，并且对不同土壤层的影响呈现不同的规律性。沉陷坡地土壤全磷含量沿坡长分布具有差异性。在 0~20cm 土层，土壤全磷含量在上坡和中坡与对照区相比无显著差异，但上坡和中坡土壤的全磷含量显著高于下坡的土壤全磷含量，下坡土壤的全磷含量显著低于对照区，比对照区低了 19.17%。在 20~40cm 土层，上坡土壤的全磷含量与中坡的土壤全磷含量相比无显著差异；下坡土壤的全磷含量显著低于上坡、中坡和对照区的土壤全磷含量，比对照区低了 25.25%；上坡土壤的全磷含量也显著低于对照区，比对照区低了 15.15%。采煤沉陷坡地在 40~60cm 土层对土壤全磷含量的影响不显著。上坡、中坡土壤的全磷含量无显著差异，上坡土壤的全磷含量与对照区相比无显著差异，中坡和下坡土壤的全磷含量显著低于对照区，分别比对照区低了 11.11%、23.81%。因此，采煤沉陷坡地对不同深度土壤的全磷含量具有不同的影响，随着深度的增加，采煤沉陷坡地对土壤全磷含量的影响逐渐减小，土壤全磷的损失量也逐渐变小。

由图 3-10（b）可见，采煤沉陷裂缝显著改变了土壤的全磷含量，

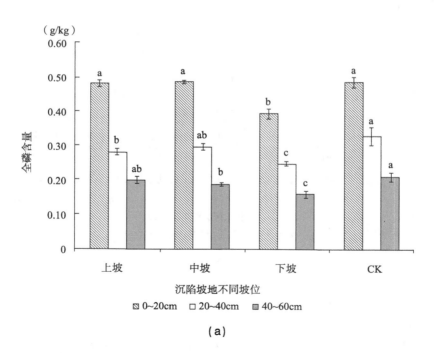

（a）

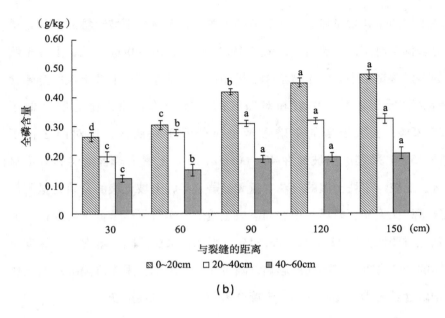

（b）

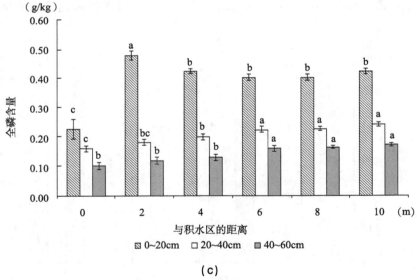

（c）

图 3-10　采煤沉陷地土壤全磷含量的空间分布特征

（注：不同小写字母表示处理间 0.05 水平差异显著）

即距离沉陷裂缝越近，土壤的全磷含量越低。在 0~20cm 土层，当距离采煤沉陷裂缝超过 90cm 时, 土壤全磷含量受到的采煤沉陷影响不显著; 在 20~40cm 土层, 当距离裂缝超过 60cm 时, 土壤全磷含量受到的采煤沉陷影响不显著; 在 40~60cm 土层, 当距离裂缝超过 60cm 时, 土壤全磷含量受到的采煤沉陷影响不显著。在 0~20cm 土层, 沉陷裂缝显著减少了距离其 30cm、60cm、90cm 处的土壤全磷含量, 并显著低于对照区, 分别比对照区减少了 45.89%、36.99%、13.70%。在 20~40cm 土层, 沉陷裂缝显著减少了距离其 30cm、60cm 处的土壤全磷含量, 并显著低于对照区, 分别比对照区减少了 40.40%、15.15%。在 40~60cm 土层, 沉陷裂缝显著减少了距离其 30cm、60cm 处的土壤全磷含量, 并显著低于对照区, 分别比对照区减少了 42.86%、28.57%。因此, 采煤沉陷裂缝对不同深度土壤的全磷含量具有不同影响, 随着深度的增加, 采煤沉陷裂缝对土壤全磷含量的影响逐渐减小, 土壤全磷的损失量也逐渐变小。

由图 3-10 (c) 可见, 采煤沉陷积水区对其周围土壤全磷含量的影响程度具有显著的差异性。在 0~20cm 土层, 采煤沉陷积水区显著减少了土壤全磷含量, 并显著低于对照区, 分别比对照区减少了 53.42%、2.05%、13.70%、17.81%、17.81%、13.70%。在 20~40cm 土层, 采煤沉陷积水区显著减少了土壤全磷含量, 并显著低于对照区, 分别比对照区减少了 51.52%、45.45%、39.39%、32.32%、31.31%、27.27%。在 40~60cm 土层, 采煤沉陷积水区显著减少了土壤全磷含量, 并显著低于对照区, 分别比对照区减少了 52.38%、42.86%、38.10%、23.81%、22.22%、17.46%。因此, 采煤沉陷积水区对不同深度土壤的全磷含量具有不同的影响, 随着深度的增加, 采煤沉陷积水区对土壤全磷含量的影响逐渐减小, 土壤全磷的损失量也逐渐变小。

由图 3-11 (a) 可见, 九里山矿煤粮复合区采煤沉陷微地形对土壤有效磷含量产生不同程度的影响, 并且对不同土壤层的影响呈现不同的规律性。沉陷坡地土壤有效磷含量沿坡长分布具有差异性。在 0~20cm 土层，上坡土壤的有效磷含量显著低于中坡土壤的有效磷含量，中坡土壤的有效磷含量与对照区相比无显著差异。下坡土壤的有效磷含量显著低于上坡和中坡土壤的有效磷含量，且上坡和下坡土壤的有效磷含量均低于对照区，分别比对照区低了 15.22%、42.91%。在 20~40cm 土层，采煤沉陷坡地对土壤有效磷含量的影响规律与 0~20cm 土层具有一致性，上坡和下坡土壤有效磷含量均显著低于对照区，比对照区低了 21.94%、26.00%。在 40~60cm 土层，上坡土壤的有效磷含量与对照区相比无显著差异，中坡和下坡土壤的有效磷含量均显著低于对照区，分别比对照区减少了 33.21%、47.35%。因此，采煤沉陷坡地对不同深度土壤有效磷含量具有不同的影响，随着深度的增加，采煤沉陷坡地对土壤有效磷含量的影响逐渐减小，土壤有效磷的损失量也逐渐变小。

由图 3-11（b）可见，采煤沉陷裂缝改变了土壤的有效磷含量。在 0~20cm 土层，当距离采煤沉陷裂缝超过 90cm 时，土壤有效磷含量受到的采煤沉陷影响不显著；在 20~40cm 土层，当距离裂缝超过 60cm 时，土壤有效磷含量受到的采煤沉陷影响不显著；在 40~60cm 土层，当距离裂缝超过 60cm 时，土壤有效磷含量受到的采煤沉陷影响不显著。在 0~20cm 土层，沉陷裂缝显著减少了距离其 30cm、60cm、90cm 处的土壤有效磷含量，并显著低于对照区，分别比对照区减少了 52.05%、38.12%、20.71%。在 20~40cm 土层，沉陷裂缝显著减少了距离其 30cm、60cm 处的土壤有效磷含量，并显著低于对照区，分别比对照区减少了 47.94%、19.24%。在 40~60cm 土层，沉陷裂缝显著减少了距离其 30cm、60cm 处的土壤有效磷含量，并显著低于对照区，分别比对照区减少了 51.85%、21.91%。因此，采煤沉陷裂缝对不同深度土壤的有效磷含量具有不同的影响，随着深度的增加，采煤沉陷裂缝对土壤有

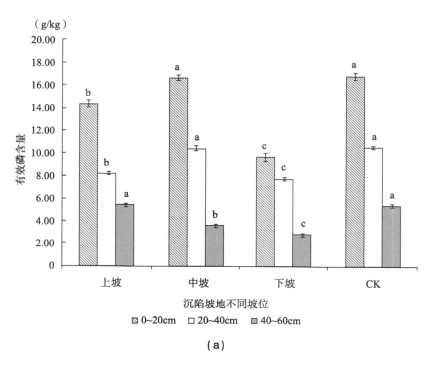

（a）

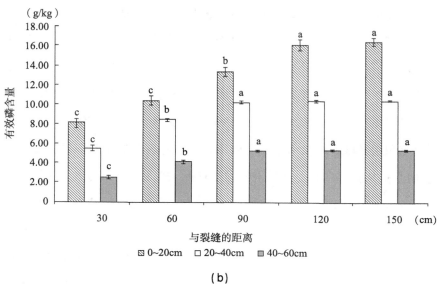

（b）

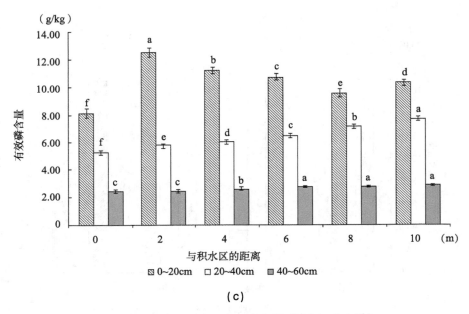

（c）

图 3-11　采煤沉陷地土壤有效磷含量的空间分布特征

（注：不同小写字母表示处理间 0.05 水平差异显著）

效磷含量的影响逐渐减小，土壤有效磷的损失量也逐渐变小。

由图 3-11（c）可见，采煤沉陷积水区对周围土壤有效磷含量的影响程度具有显著的差异性。在 0~20cm 土层，采煤沉陷积水区显著减少了土壤有效磷含量，并显著低于对照区，分别比对照区减少了 51.97%、25.68%、33.50%、36.50%、43.58%、38.91%。在 20~40cm 土层，采煤沉陷积水区显著减少了土壤有效磷含量，并显著低于对照区，分别比对照区减少了 49.94%、45.31%、42.57%、38.35%、31.90%、26.83%。在 40~60cm 土层，采煤沉陷积水区显著减少了土壤有效磷含量，并显著低于对照区，分别比对照区减少了 55.43%、54.63%、51.98%、49.32%、48.58%、47.41%。因此，采煤沉陷积水区对不同深度的土壤有效磷含量具有不同的影响，随着深度的增加，采煤沉陷积水区对土壤有效磷含量的影响逐渐减小，土壤有效磷的损失量也逐渐变小。

3.3 土壤酶活性的特征及其空间分布

土壤中各个种类的物质进行的生化反应都是在土壤生物生命的活动和土壤酶的共同作用下进行的，土壤生物生命活动虽受到其周围土壤环境条件的制约，但是土壤酶活性的促进作用由于受到土壤胶体的保护而具有很强的稳定性[103]。所以在土壤微生物的活动所处的土壤环境不利的条件下，由于土壤酶的作用，土壤的新陈代谢功能仍能够进行[104]。因此，土壤生物学性质能够很好地反映土壤质量的动态变化情况，是研究土壤质量不可替代的组成部分[105,106]。

土壤酶是土壤生物学性质的重要组成部分。在土壤生态系统中，土壤酶发挥着重要作用[107,108]。土壤酶作为十分稳定和灵敏的土壤生物活性指标，不仅能够在土壤内部驱动有机质腐解，也能够驱动土壤有机质转化，促进土壤结构和物理性质的保持与改变，并决定着土壤中碳、氮、磷、钾等营养元素与物质的生物循环，反映土壤养分动态的转化[109-114]。土壤酶活性与耕地土壤的肥力状况息息相关，因此土壤酶活性是评价耕地土壤质量的重要指标[115]。

3.3.1 土壤蔗糖酶活性的特征及其空间分布特征

蔗糖酶又被称作"转化酶"或者"β-呋喃果糖苷酶"，是一种参与碳循环的重要酶。土壤蔗糖酶既能够表征耕地土壤的肥力状况和土壤的熟化状况，也能够反映土壤中生物化学过程的动向和强度；土壤蔗糖酶与土壤的有机质、氮磷钾含量、土壤微生物数量及土壤的呼吸强度有一定的关系[116-118]。

  九里山矿煤粮复合区采煤沉陷地土壤蔗糖酶活性的统计结果见表3-6。采煤沉陷区不同微地形对土壤蔗糖酶活性的影响程度具有一定的差异性。在0~20cm土层，采煤沉陷坡地土壤蔗糖酶活性为17.38（±2.13）mg/g，沉陷裂缝土壤蔗糖酶活性为16.45（±2.97）mg/g，沉陷积水区土壤蔗糖酶活性为15.13（±1.67）mg/g，而将整个采煤沉陷区作为整体进行统计分析，则采煤沉陷地土壤蔗糖酶活性为16.33（±2.52）mg/g。采煤沉陷区土壤蔗糖酶活性的变异情况为，沉陷坡地、裂缝、积水区和沉陷地土壤蔗糖酶活性的变异系数分别为12.28%、18.05%、11.03%、15.43%，沉陷坡地土壤蔗糖酶活性均为中等变异。据此可知，采煤沉陷裂缝对土壤蔗糖酶活性的影响最大，造成土壤蔗糖酶活性的损失最大。在20~40cm土层，采煤沉陷坡地土壤蔗糖酶活性为13.27（±0.87）mg/g，沉陷裂缝土壤蔗糖酶活性为12.60（±1.97）mg/g，沉陷积水区土壤蔗糖酶活性为9.66（±0.76）mg/g，采煤沉陷地土壤蔗糖酶活性为11.68（±2.13）mg/g。采煤沉陷区土壤蔗糖酶活性的变异情况为，沉陷坡地、裂缝、积水区和沉陷地土壤蔗糖酶活性的变异系数分别为6.54%、15.65%、7.87%、18.28%。采煤沉陷坡地对土壤蔗糖酶活性的影响为弱变异，其余均为中等变异，由此可知，采煤沉陷积水区对土壤蔗糖酶活性的影响最大。

表3-6　采煤沉陷地土壤蔗糖酶活性的统计结果

土壤层次（cm）	项目	SS	SC	SW	SL
0~20	最小值（mg/g）	14.18	11.45	12.01	11.45
	最大值（mg/g）	19.42	19.81	17.69	19.99
	均值（mg/g）	17.38	16.45	15.13	16.33
	标准差（mg/g）	2.13	2.97	1.67	2.52
	变异系数（%）	12.28	18.05	11.03	15.43

续表

土壤层次（cm）	项目	SS	SC	SW	SL
20~40	最小值（mg/g）	11.99	9.08	8.51	8.51
	最大值（mg/g）	14.18	14.31	11.15	14.52
	均值（mg/g）	13.27	12.60	9.66	11.68
	标准差（mg/g）	0.87	1.97	0.76	2.13
	变异系数（%）	6.54	15.65	7.87	18.28
40~60	最小值（mg/g）	8.19	8.01	6.17	6.17
	最大值（mg/g）	9.69	9.59	7.52	9.69
	均值（mg/g）	9.05	9.04	6.88	8.22
	标准差（mg/g）	0.53	0.54	0.41	1.20
	变异系数（%）	5.83	6.01	5.90	14.59

在 40~60cm 层，采煤沉陷坡地土壤蔗糖酶活性为 9.05（±0.53）mg/g，沉陷裂缝土壤蔗糖酶活性为 9.04（±0.54）mg/g，沉陷积水区土壤蔗糖酶活性为 6.88（±0.41）mg/g，采煤沉陷地土壤蔗糖酶活性为 8.22（±1.20）mg/g。采煤沉陷区土壤蔗糖酶活性的变异情况为，沉陷坡地、裂缝、积水区和沉陷地土壤酶活性的变异系数分别为 5.83%、6.01%、5.90%、14.59%，采煤沉陷区微地形对土壤蔗糖酶活性的影响均为弱变异。

综上所述，采煤沉陷对不同土层土壤的蔗糖酶活性的影响具有一定的差异性。采煤沉陷对 0~20cm 土层的土壤蔗糖酶活性的影响最大，其次是对 20~40cm 土层，影响最小的是对 40~60cm 土层。在采煤沉陷区微地形中，沉陷裂缝对 0~20cm 土层、20~40cm 土层、40~60cm 土层的土壤蔗糖酶活性影响均最大，而采煤沉陷坡地对不同土层土壤蔗糖酶活性的影响最小。

由图 3-12（a）可见，九里山矿煤粮复合区采煤沉陷微地形对土壤蔗糖酶活性产生不同程度的影响，土壤蔗糖酶活性沿采煤沉陷坡地沿坡长分布具有显著的差异性，并且对不同土壤层的蔗糖酶活性影响呈现不同的规律性。在0~20cm土层，中坡土壤的蔗糖酶活性显著低于上坡土壤的蔗糖酶活性，下坡土壤的蔗糖酶活性显著低于中坡土壤的蔗糖酶活性，上坡、中坡和下坡土壤蔗糖酶活性均低于对照区，分别比对照区低了3.02%、7.33%、26.20%。在20~40cm土层，采煤沉陷坡地对土壤的蔗糖酶活性的影响规律与0~20cm土层具有一致性，中坡土壤的蔗糖酶活性显著低于上坡土壤的蔗糖酶活性，下坡土壤蔗糖酶活性显著低于中坡土壤的蔗糖酶活性，上坡、中坡和下坡土壤蔗糖酶活性均低于对照区，分别比对照区低了2.51%、4.51%、15.23%。在40~60cm土层，随着沉陷坡地的下降，土壤蔗糖酶活性虽呈现减弱的趋势，但上坡土壤蔗糖酶活性与对照区相比无显著差异，中坡和下坡土壤蔗糖酶活性均显著低于对照区，分别比对照区减少了3.03%、12.30%。因此，采煤沉陷坡地对不同深度的土壤蔗糖酶活性具有不同的影响，随着深度的增加，采煤沉陷坡地对土壤蔗糖酶的影响逐渐减小。

由图3-12（b）可见，采煤沉陷裂缝显著改变了土壤的蔗糖酶活性。在0~20cm土层，当距离采煤沉陷裂缝超过90cm时，土壤蔗糖酶活性受到的采煤沉陷影响不显著；在20~40cm土层，当距离裂缝超过60cm时，土壤蔗糖酶活性受到的采煤沉陷影响不显著；在40~60cm土层，当距离裂缝超过60cm时，土壤蔗糖酶活性受到的采煤沉陷影响不显著。在0~20cm土层，沉陷裂缝显著减少了距离其30cm、60cm、90cm处的土壤蔗糖酶活性，并显著低于对照区，分别比对照区减少了38.48%、26.47%、16.43%。在20~40cm土层，沉陷裂缝显著减少了距离其30cm、60cm处的土壤蔗糖酶活性，并显著低于对照区，分别比对照区减少了34.48%、20.13%。在40~60cm土层，沉陷裂缝显著减

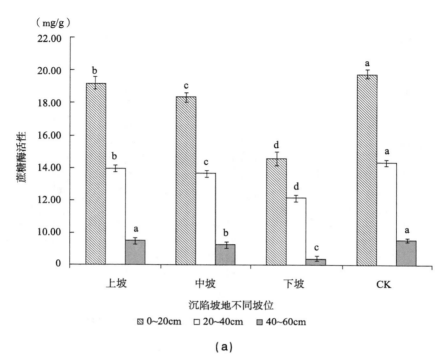

（a）

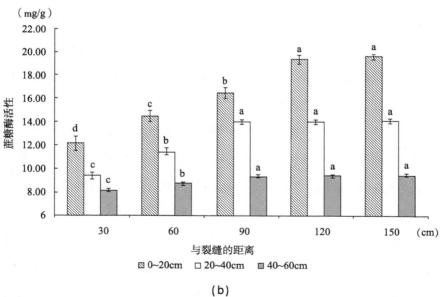

（b）

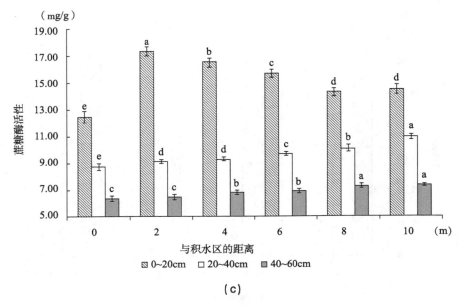

（c）

图 3-12　采煤沉陷地土壤蔗糖酶活性的空间分布特征

（注：不同小写字母表示处理间 0.05 水平差异显著）

少了距离其 30cm、60cm 处的土壤蔗糖酶活性，并显著低于对照区，分别比对照区减少了 14.64%、8.37%。因此，采煤沉陷裂缝对不同深度的土壤蔗糖酶活性具有不同的影响，随着深度的增加，采煤沉陷裂缝对土壤蔗糖酶活性的影响逐渐减小。

由图 3-12（c）可见，采煤沉陷积水区对其周围土壤蔗糖酶活性的影响程度具有显著的差异性。在 0~20cm 土层，采煤沉陷积水区显著减少了土壤蔗糖酶活性，并显著低于对照区，分别比对照区减少了 36.96%、12.35%、16.44%、20.87%、27.81%、26.85%。在 20~40cm 土层，采煤沉陷积水区显著减少了土壤蔗糖酶活性，并显著低于对照区，分别比对照区减少了 38.83%、36.41%、35.11%、32.20%、29.62%、23.46%。在 40~60cm 土层，采煤沉陷积水区显著减少了土壤蔗糖酶活性，并显著低于对照区，分别比对照区减少了 33.25%、32.07%、28.86%、

27.57%、23.77%、22.67%。因此，采煤沉陷积水区对不同深度的土壤蔗糖酶活性具有不同的影响，随着深度的增加，采煤沉陷裂缝对土壤蔗糖酶活性的影响逐渐减小。

3.3.2 土壤脲酶活性的特征及其空间分布特征

脲酶广泛存于土壤中，不但能够对尿素水解发挥关键作用，并且能够分解、转化土壤有机氮。脲酶活性与土壤肥力水平、营养物质的转化能力具有很强的关联性，能够反映土壤氮素实际的供应强度水平；研究土壤的脲酶活性能够了解土壤中氮素的转化状况和氮素的有效利用状况[119-123]。土壤脲酶活性及其动态变化特征能够反映土壤的营养水平和健康状况。土壤的脲酶活性是评价土壤健康的生物学指标之一，其与有机质、微生物数量等具有很强的关联性。

九里山矿煤粮复合区采煤沉陷地土壤脲酶活性的统计结果见表 3-7。采煤沉陷区不同微地形对土壤脲酶活性的影响程度具有一定的差异性。在 0~20cm 土层，采煤沉陷坡地土壤脲酶活性为 0.89(±0.06) mg/g，沉陷裂缝土壤脲酶活性为 0.82(±0.13) mg/g，沉陷积水区土壤脲酶活性为 0.80(±0.09) mg/g。本研究将整个采煤沉陷区作为整体进行统计分析，则采煤沉陷地土壤脲酶活性为 0.84(±0.11) mg/g。采煤沉陷区土壤脲酶活性的变异情况为，沉陷坡地、裂缝、积水区和沉陷地土壤脲酶活性的变异系数分别为 7.01%、16.38%、11.22%、13.49%，沉陷坡地土壤脲酶活性为弱变异，其余均为中等变异。据此可知，采煤沉陷裂缝对土壤脲酶活性的影响最大，造成的土壤脲酶活性损失最大。

在 20~40cm 土层，采煤沉陷坡地土壤脲酶活性为 0.70(±0.08) mg/g，沉陷裂缝土壤脲酶活性为 0.69(±0.12) mg/g，沉陷积水区土壤脲酶活性为 0.54(±0.07) mg/g，采煤沉陷地土壤脲酶活性为 0.64(±0.12) mg/g。

采煤沉陷区土壤脲酶活性的变异情况为，沉陷坡地、裂缝、积水区和沉陷地土壤脲酶活性的变异系数分别为 10.80%、17.08%、13.31%、19.11%。采煤沉陷裂缝对土壤脲酶活性的影响均为中等变异。由此可知，采煤沉陷裂缝对土壤脲酶活性的影响最大。

表 3-7　采煤沉陷地土壤脲酶活性的统计结果

土壤层次（cm）	项目	SS	SC	SW	SL
0~20	最小值（mg/g）	0.81	0.61	0.59	0.59
	最大值（mg/g）	0.99	1.01	0.89	1.03
	均值（mg/g）	0.89	0.82	0.80	0.84
	标准差（mg/g）	0.06	0.13	0.09	0.11
	变异系数（%）	7.01	16.38	11.22	13.49
20~40	最小值（mg/g）	0.59	0.49	0.39	0.39
	最大值（mg/g）	0.79	0.83	0.63	0.83
	均值（mg/g）	0.70	0.69	0.54	0.64
	标准差（mg/g）	0.08	0.12	0.07	0.12
	变异系数（%）	10.80	17.08	13.31	19.11
40~60	最小值（mg/g）	0.42	0.31	0.19	0.19
	最大值（mg/g）	0.51	0.51	0.43	0.53
	均值（mg/g）	0.46	0.43	0.35	0.41
	标准差（mg/g）	0.03	0.07	0.08	0.08
	变异系数（%）	6.47	15.62	22.32	20.01

在 40~60cm 土层，采煤沉陷坡地土壤脲酶活性为 0.46(±0.03)mg/g，沉陷裂缝土壤脲酶活性为 0.43(±0.07)mg/g，沉陷积水区土壤脲酶活性为 0.35(±0.08)mg/g，采煤沉陷地土壤脲酶活性为 0.41(±0.08)mg/g。采煤沉陷区土壤脲酶活性的变异情况为，沉陷坡地、裂缝、积水区和沉陷地土壤酶活性的变异系数分别为 6.47%、15.62%、22.32%、20.01%，采煤沉陷坡地对土壤脲酶活性的影响为弱变异，其余对土壤脲酶活性的影响均为中等变异。采煤沉陷裂缝对土壤脲酶活性的影响最大。

综上所述，采煤沉陷对不同土层的土壤脲酶活性的影响具有一定的差异性。采煤沉陷对 0~20cm 土层的土壤脲酶活性影响最大，其次是对 20~40cm 土层，影响最小的是 40~60cm 土层。在采煤沉陷区微地形中，沉陷裂缝对 0~20cm 土层、20~40cm 土层的土壤脲酶活性影响最大，采煤沉陷积水对 40~60cm 土层的土壤脲酶活性影响最大，而采煤沉陷坡地对不同土层的土壤脲酶活性影响最小。

由图 3-13（a）可见，煤粮复合区采煤沉陷对土壤脲酶活性产生不同的影响，土壤脲酶活性沿采煤沉陷坡地沿坡长分布具有明显的差异性，并且对不同土壤层的影响呈现不同的规律性。在 0~20cm 土层，上坡土壤的脲酶活性与对照区相比无显著差异，中坡土壤的脲酶活性显著低于上坡土壤的脲酶活性，下坡土壤的脲酶活性显著低于中坡土壤的脲酶活性，中坡和下坡土壤的脲酶活性均低于对照区，分别比对照区低了 13.49%、18.09%。在 20~40cm 土层，采煤沉陷坡地对土壤的脲酶活性的影响规律与 0~20cm 土层具有一致性，中坡土壤的脲酶活性显著低于上坡土壤的脲酶活性，下坡土壤的脲酶活性显著低于中坡土壤的脲酶活性，上坡土壤的脲酶活性与对照区相比无显著差异，中坡和下坡土壤的脲酶活性均低于对照区，分别比对照区低了 9.58%、24.17%。在 40~60cm 土层，土壤脲酶活性随坡长虽表现出下降的趋势，但上坡土壤的脲酶活性与对照区相比无显著差异，中坡土壤的脲酶活性与上坡土壤的脲酶活性无显著差异，中坡和下坡土壤的脲酶活性均显著低于对照区，分别比对照区低了 9.74%、16.23%。因此，采煤沉陷坡地对不同深度土层的土壤脲酶活性具有不同的影响，随着深度的增加，采煤沉陷坡地对土壤脲酶活性的影响逐渐减小。

由图 3-13（b）可见，采煤沉陷裂缝显著改变了土壤的脲酶活性。在 0~20cm 土层，当距离采煤沉陷裂缝超过 90cm 时，土壤脲酶活性受

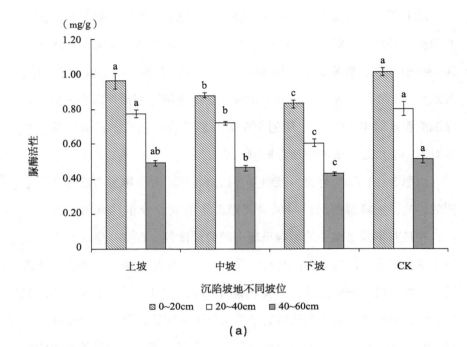

（a）

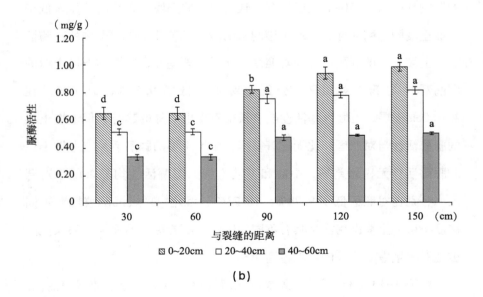

（b）

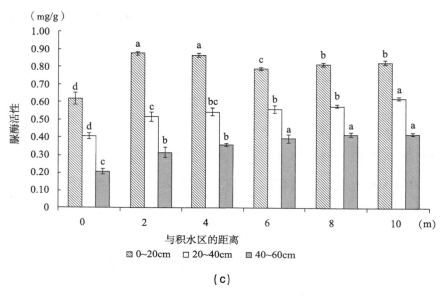

（c）

图 3-13 采煤沉陷地土壤脲酶活性的空间分布特征

（注：不同小写字母表示处理间 0.05 水平差异显著）

到的采煤沉陷影响不显著；在 20～40cm 土层，当距离裂缝超过 60cm 时，土壤脲酶活性受到的采煤沉陷影响不显著；在 40～60cm 土层，当距离裂缝超过 60cm 时，土壤脲酶活性受到的采煤沉陷影响不显著。在 0～20cm 土层，沉陷裂缝显著减少了距离其 30cm、60cm、90cm 处的土壤脲酶活性，并显著低于对照区，分别比对照区低了 36.51%、28.29%、18.75%。在 20～40cm 土层，沉陷裂缝显著减少了距离其 30cm、60cm 处的土壤脲酶活性，并显著低于对照区，分别比对照区低了 36.25%、22.91%。在 40～60cm 土层，沉陷裂缝显著减少了距离其 30cm、60cm 处的土壤脲酶活性，并显著低于对照区，分别比对照区低了 35.71%、24.03%。因此，采煤沉陷裂缝对不同深度土层的土壤脲酶活性具有不同的影响，随着深度的增加，采煤沉陷裂缝对土壤脲酶活性的影响逐渐减小。

由图 3-13（c）可见，采煤沉陷积水区对其周围土壤脲酶活性的影响程度具有显著的差异性。在 0~20cm 土层，采煤沉陷积水区显著减少了土壤脲酶活性，并显著低于对照区，分别比对照区减少了 38.82%、13.16%、14.14%、21.71%、19.08%、18.09%。在 20~40cm 土层，采煤沉陷积水区显著减少了土壤脲酶活性，并显著低于对照区，分别比对照区减少了 49.17%、35.00%、31.67%、29.58%、27.08%、21.67%。在 40~60cm 土层，采煤沉陷积水区显著减少了土壤脲酶活性，并显著低于对照区，分别比对照区减少了 33.25%、32.07%、28.86%、27.57%、23.77%、22.67%。因此，采煤沉陷积水区对不同深度土层的土壤脲酶活性具有不同的影响，随着深度的增加，采煤沉陷积水区对土壤脲酶活性的影响逐渐减小。

3.3.3　土壤过氧化氢酶活性的特征及其空间分布特征

土壤中的过氧化氢酶是由土壤中的细菌、真菌和植物的根系共同作用所产生的，过氧化氢酶最适宜的土壤为中性土壤，其能够促进土壤中过氧化氢的分解，避免植物的根系受到过氧化氢的侵害，进而增强土壤的代谢能力，使土壤中有机物的分解进程加快。土壤过氧化氢酶能够很好地反映耕地土壤的肥力状况，也可以作为与耕地土壤肥力状况有关的好氧微生物活性的一个指标[124-127]。测定过氧化氢酶不仅可以了解土壤中有机质的含量水平，还可以判断土壤有机质的转化情况[128]。

九里山矿煤粮复合区采煤沉陷地土壤过氧化氢酶活性的统计结果见表 3-8。采煤沉陷区不同微地形对土壤过氧化氢酶活性的影响程度具有一定的差异性。在 0~20cm 土层，采煤沉陷坡地土壤过氧化氢酶活性为 4.94(±0.39)mg/g，沉陷裂缝土壤过氧化氢酶活性为 5.00(±0.58)mg/g，沉陷积水区土壤过氧化氢酶活性为 5.03(±0.50)mg/g。本研究将整个采煤沉陷区作为整体进行统计分析,则采煤沉陷地土壤过氧化氢酶活性为 5.04(±0.50)mg/g。采煤沉陷区土壤过氧化氢酶活性的变异情况为,沉陷坡地、裂缝、积水区和沉陷地土壤过氧化氢酶活性的变异系数分别为 7.80%、11.52%、9.89%、9.93%,沉陷裂缝对土壤过氧化氢酶活性的影响为中等变异,其余均为弱变异。由此可知,采煤沉陷裂缝对土壤过氧化氢酶活性的影响最大,造成的土壤过氧化氢酶活性损失最大。

在 20~40cm 土层,采煤沉陷坡地土壤过氧化氢酶活性为 4.24(±0.13)mg/g,沉陷裂缝土壤过氧化氢酶活性为 4.18(±0.33)mg/g,沉陷积水区土壤过氧化氢酶活性为 3.99(±0.20)mg/g,采煤沉陷地土壤过氧化氢酶活性为 4.13(±0.27)mg/g。采煤沉陷区土壤过氧化氢酶活性的变异情况为,沉陷坡地、裂缝、积水区和沉陷地土壤过氧化氢酶活性的变异系数分别为 3.18%、7.97%、4.93%、6.48%。采煤沉陷裂缝对土壤过氧化氢酶活性的影响均为弱变异。由此可知,采煤沉陷裂缝对土壤过氧化氢酶活性的影响最大。

表 3-8　采煤沉陷地土壤过氧化氢酶活性的统计结果

土壤层次（cm）	项目	SS	SC	SW	SL
0~20	最小值（mg/g）	4.41	4.01	3.91	3.91
	最大值（mg/g）	5.58	5.69	5.59	5.69
	均值（mg/g）	4.94	5.00	5.03	5.04
	标准差（mg/g）	0.39	0.58	0.50	0.50
	变异系数（%）	7.80	11.52	9.89	9.93
20~40	最小值（mg/g）	4.01	3.38	3.61	3.38
	最大值（mg/g）	4.38	4.56	4.32	4.58
	均值（mg/g）	4.24	4.18	3.99	4.13
	标准差（mg/g）	0.13	0.33	0.20	0.27
	变异系数（%）	3.18	7.97	4.93	6.48

续表

土壤层次（cm）	项目	SS	SC	SW	SL
	最小值（mg/g）	3.12	3.01	3.07	3.01
	最大值（mg/g）	3.81	3.87	3.81	3.89
40~60	均值（mg/g）	3.55	3.57	3.34	3.49
	标准差（mg/g）	0.23	0.28	0.23	0.28
	变异系数（%）	6.55	7.95	6.80	7.90

在 40~60cm 土层，采煤沉陷坡地土壤过氧化氢酶活性为 3.55（±0.23）mg/g，沉陷裂缝土壤过氧化氢酶活性为 3.57（±0.28）mg/g，沉陷积水区土壤过氧化氢酶活性为 0.34（±0.23）mg/g，采煤沉陷地土壤过氧化氢酶活性为 3.49（±0.28）mg/g。采煤沉陷区土壤过氧化氢酶活性的变异情况为，沉陷坡地、裂缝、积水区和沉陷地过氧化氢酶活性的变异系数分别为 6.55%、7.95%、6.80%、7.90%。采煤沉陷区微地形对土壤过氧化氢酶活性的影响均为弱变异，采煤沉陷裂缝对土壤过氧化氢酶活性的影响最大。

综上所述，采煤沉陷对不同土层的土壤过氧化氢酶活性的影响具有一定的差异性。采煤沉陷对 0~20cm 土层的土壤过氧化氢酶活性的影响最大，其次是对 20~40cm 土层，影响最小的是 40~60cm 土层。在采煤沉陷区微地形中，采煤沉陷裂缝地对不同土层的土壤过氧化氢酶活性影响最大，而采煤沉陷坡地对不同土层的土壤过氧化氢酶活性影响最小。

由图 3-14（a）可见，煤粮复合区采煤沉陷微地形对土壤过氧化氢酶活性产生不同的影响程度，土壤过氧化氢酶活性沿采煤沉陷坡地沿坡长分布具有显著的差异性，并且对不同土壤层的影响呈现不同的规律性。在 0~20cm 土层，上坡土壤的过氧化氢酶活性显著低于中坡土壤的过氧化氢酶活性，中坡土壤的过氧化氢酶活性显著低于下坡土壤的过氧

化氢酶活性，下坡土壤的过氧化氢酶活性与对照区无显著差异，上坡和

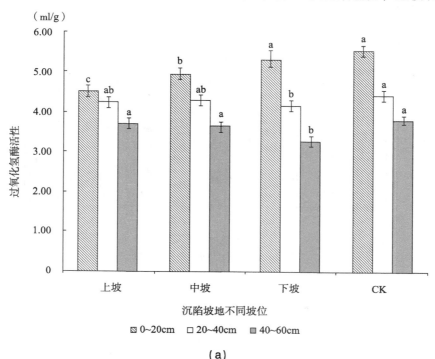

（a）

中坡土壤的过氧化氢酶活性均低于对照区，分别比对照区低了 18.74%、
10.83%。在 20~40cm 土层，土壤过氧化氢酶活性沿采煤沉陷坡地沿坡
长分布无显著差异，上坡和中坡土壤的过氧化氢酶活性均与对照区无显
著差异，下坡土壤过氧化氢酶活性显著低于对照区，比对照区低了
6.38%。在 40~60cm 土层，上坡和中坡的土壤过氧化氢酶活性均与对
照区无显著差异；下坡土壤过氧化氢酶活性显著低于上坡和中坡的土壤
过氧化氢酶活性，并显著低于对照区，比对照区低了 14.11%。采煤沉
陷坡地对不同深度土层的土壤过氧化氢酶活性具有不同的影响，随着深
度的增加，采煤沉陷坡地对土壤过氧化氢酶活性的影响逐渐减小。

由图 3-14（b）可见，采煤沉陷裂缝显著改变了土壤的过氧化氢酶
活性。在 0~20cm 土层，当距离采煤沉陷裂缝超过 90cm 时，土壤过氧

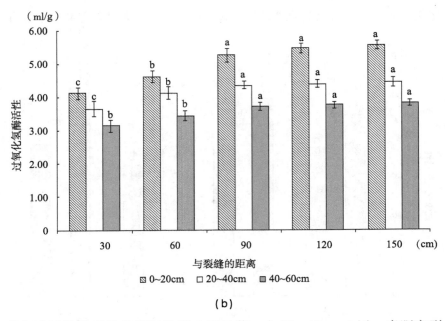

（b）

化氢酶活性受到的采煤沉陷影响不显著；在 20~40cm 土层，当距离裂缝超过 60cm 时，土壤过氧化氢酶活性受到的采煤沉陷影响不显著；在40~60cm 土层，当距离裂缝超过 60cm 时，土壤过氧化氢酶活性受到的采煤沉陷影响不显著。在 0~20cm 土层，沉陷裂缝显著减少了距离其30cm、60cm、90cm 处的土壤过氧化氢酶活性，并显著低于对照区，分别比对照区减少了 25.62%、17.07%、5.87%。在 20~40cm 土层，沉陷裂缝显著减少了距离其 30cm、60cm 处的土壤过氧化氢酶活性，并显著低于对照区，分别比对照区减少了 18.09%、7.43%。在 40~60cm 土层，沉陷裂缝显著减少了距离其 30cm、60cm 处的土壤过氧化氢酶活性，并显著低于对照区，分别比对照区减少了 18.03%、10.45%。因此，采煤沉陷裂缝对不同深度土层的土壤过氧化氢酶活性具有不同的影响，随着深度的增加，采煤沉陷裂缝对土壤过氧化氢酶活性的影响逐渐减小。

由图 3-14（c）可见，采煤沉陷积水区对其周围土壤过氧化氢酶活

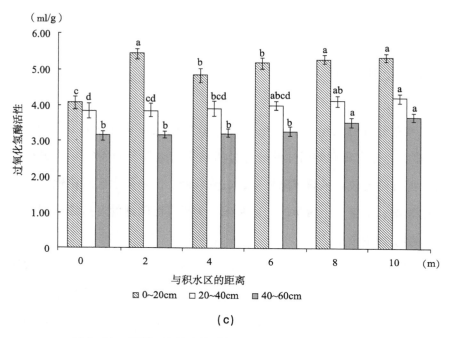

（c）

图 3-14　采煤沉陷地土壤过氧化氢酶活性的空间分布特征

（注：不同小写字母表示处理间 0.05 水平差异显著）

性的影响程度具有显著的差异性。在 0~20cm 土层，采煤沉陷积水区显著减少了土壤过氧化氢酶活性，并显著低于对照区，分别比对照区减少了 26.77%、2.34%、12.87%、7.12%、5.03%、4.19%。在 20~40cm 土层，采煤沉陷积水区显著减少了土壤过氧化氢酶活性，并显著低于对照区，分别比对照区低了 13.44%、12.91%、11.86%、9.98%、7.06%、5.11%。在 40~60cm 土层，采煤沉陷积水区显著减少了土壤过氧化氢酶活性，并显著低于对照区，分别比对照区低了 17.68%、17.16%、16.03%、14.29%、7.75%、3.75%。因此，采煤沉陷积水区对不同深度土层的土壤过氧化氢酶活性具有不同的影响，随着深度的增加，采煤沉陷积水区对土壤过氧化氢酶活性的影响逐渐减小。

3.4　本章小结

本章通过对九里山矿煤粮复合区采煤沉陷对耕地土壤的含水率、pH 值、养分含量和酶活性的统计分析结果与空间分布特征影响进行研究，并详细比较了采煤沉陷坡地、沉陷裂缝、沉陷积水区对耕地土壤特性的影响，丰富了土壤学的理论基础，为采煤沉陷地的可持续利用和复垦提供了理论依据。

（1）采煤沉陷显著改变了耕地土壤的含水率。在采煤沉陷区微地形中，采煤沉陷裂缝显著减少了土壤的含水率，而采煤沉陷积水区则显著增加了其周围土壤的含水率；采煤沉陷区微地形对土壤含水率影响的大小排序为沉陷积水区>沉陷裂缝>沉陷坡地，且在 0～20cm 土层、20～40cm 土层、40～60cm 土层表现出相同的规律性。采煤沉陷对表层土壤含水率的影响要大于采煤沉陷对深层土壤含水率的影响。

采煤沉陷改变了耕地土壤的酸碱性。在采煤沉陷区微地形中，采煤沉陷坡地和沉陷积水增加了土壤的 pH 值，采煤沉陷裂缝降低了土壤的 pH 值；采煤沉陷区微地形对土壤 pH 值影响的大小排序是：沉陷裂缝>沉陷积水区>沉陷坡地，且在 0～20cm 土层、20～40cm 土层、40～60cm 土层表现出相同的规律性。采煤沉陷区微地形对同一位置不同深度土层的土壤 pH 值的影响具有显著的差异性，即随着土壤深度的增加，沉陷坡地对土壤 pH 值的影响呈现减小的趋势，沉陷裂缝对土壤 pH 值的影响逐渐减小，沉陷积水区对土壤 pH 值的影响逐渐增大。

（2）采煤沉陷显著改变了耕地土壤有机质的含量水平。在采煤沉陷区微地形中，采煤沉陷裂缝对耕地 0～20cm 土层的有机质含量影响最大，沉陷积水区对耕地 20~40cm 土层和 40~60cm 土层的有机质含量影响最大，采煤沉陷坡地对不同土层土壤有机质含量的影响最小。采煤沉陷对不同土层土壤有机质含量的影响具有一定的差异性，即采煤沉陷对 0~20cm 土层的土壤有机质含量的影响最大，其次是对 20~40cm 土层，影响最小的是 40~60cm 土层。

采煤沉陷显著改变了耕地土壤的氮素含量。采煤沉陷对耕地不同土层土壤全氮和碱解氮的影响具有一定的差异性。采煤沉陷裂缝对 0~20cm 土层的土壤全氮和碱解氮含量的影响最大，其次是对 20~40cm 土层，影响最小的是 40~60cm 土层。在采煤沉陷微地形中，沉陷裂缝对 0~20cm 土层的全氮含量影响最大，沉陷积水区对 0~20cm 土层的碱解氮含量影响最大，沉陷裂缝对 20~40cm 土层和 40~60cm 土层的全氮和碱解氮含量的影响均最大，采煤沉陷坡地对不同土层土壤全氮和碱解氮含量的影响最小。

采煤沉陷显著改变了耕地土壤的磷素含量。采煤沉陷对不同土层土壤的全磷和有效磷含量的影响具有一定的差异性。采煤沉陷裂缝对 0~20cm 土层的土壤全磷和有效磷含量的影响最大，其次是对 20~40cm 土层，影响最小的是 40~60cm 土层。在采煤沉陷区微地形中，沉陷裂缝对 0~20cm 土层和 20~40cm 土层土壤的全磷和有效磷含量影响均为最大，沉陷裂缝对 40~60cm 土层土壤的全磷含量影响最大，沉陷坡地对 40~60cm 土层土壤的有效磷含量影响最大，采煤沉陷坡地对不同土层土壤全磷含量的影响最小，沉陷坡地对 0~20cm 土层和 20~40cm 土层的土壤有效磷含量的影响最小。

（3）采煤沉陷显著改变了耕地土壤的酶活性。采煤沉陷对耕地中不同土层土壤蔗糖酶活性的影响具有一定的差异性。采煤沉陷对 0~20cm 土层的土壤蔗糖酶活性的影响最大，其次是对 20~40cm 土层，影响最小的是 40~60cm 土层。在采煤沉陷区微地形中，沉陷裂缝对 0~20cm 土层、20~40cm 土层、40~60cm 土层的影响最大，采煤沉陷坡地对不同土层土壤蔗糖酶活性的影响最小。

采煤沉陷对不同土层的土壤脲酶活性的影响具有一定的差异性。采煤沉陷对 0~20cm 土层的土壤脲酶活性的影响最大，其次是对 20~40cm 土层，影响最小的是 40~60cm 土层。在采煤沉陷区微地形中，沉陷裂缝对 0~20cm 土层、20~40cm 土层的土壤脲酶活性影响最大，采煤沉陷积水区对 40~60cm 土层的土壤脲酶活性的影响最大，采煤沉陷坡地对不同土层的土壤脲酶活性的影响最小。

采煤沉陷对耕地不同土层的土壤过氧化氢酶活性的影响具有一定的差异性。采煤沉陷对 0~20cm 土层的土壤过氧化氢酶活性的影响最大，其次是对 20~40cm 土层，影响最小的是 40~60cm 土层。在采煤沉陷区微地形中，采煤沉陷裂缝对不同土层的土壤过氧化氢酶活性的影响最大，采煤沉陷坡地对不同土层的土壤过氧化氢酶活性的影响最小。

第 **4** 章

采煤沉陷对农作物根际微环境的影响

养分在根系——土壤界面间的迁移规律与农作物根系的吸收性能、养分的形态，以及根际周围的环境因素间具有密切的相关关系[129-131]。农作物根际是土壤化学和生物学性质最活跃的微区域，是农作物根系生长发育、营养成分吸收和新陈代谢的场所[132-135]。

根际是受农作物根系活动的影响，在土壤物化生特性方面不同于原土壤的特殊土壤微区域，是特殊的微生态系统[136-138]。根系土壤直接影响了农作物的生长，并决定了农作物的产量。根系周围土壤中各种养分的亏缺或者富集反映了根与土壤养分供求的相互关系以及受环境条件的影响。因此，研究农作物根系土壤微环境的特征具有重要的现实意义。

煤炭开采引起的地表沉陷、裂缝和积水对土壤的物理、化学和生物特性产生了重要的影响，改变了土壤的质量，而其对农作物根际土壤微环境的影响特征还没有进行相关研究。因此，本书选择典型的煤粮复合区采煤沉陷地作为研究对象，分析采煤沉陷（坡地、裂缝、积水区）对农作物根际土壤的理化性质、肥力、酶活性的影响，探索采煤沉陷对农作物根际微环境的影响规律，以期为煤粮复合区采煤沉陷地的可持续利用提供理论依据。

4.1 采煤沉陷对农作物根际土壤含水率、pH 值及其根际效应的影响

由表 4-1 亦可知，采煤沉陷坡地对农作物根际土壤含水率的影响具有不同的特征。上坡、中坡、下坡的农作物根际土壤含水率分别为14.70%、13.86%、13.55%，自上坡至下坡呈现不断减少的趋势。采煤沉陷坡地非根际土壤含水率分别为 16.27%、16.46%、16.68%，自上坡至下坡呈现增加的趋势。根际土壤含水率低于非根际土壤含水率，采煤沉陷坡不同坡位农作物的根际土壤含水率表现出不同的富集程度，自上坡至下坡其富集率分别为-9.59%、-15.81%、-18.78%，农作物根际效应呈现不断增加的趋势。

表 4-1 采煤沉陷地农作物根际土壤环境指标值及其富集率

试验区		含水率		pH 值	
		数值（%）	富集率（%）	数值	富集率（%）
上坡	根际	14.70±0.16	-9.59	7.23±0.07	-10.22
	非根际	16.27±0.11		8.05±0.04	
中坡	根际	13.86±0.11	-15.81	7.46±0.09	-9.25
	非根际	16.46±0.11		8.22±0.09	
下坡	根际	13.55±0.14	-18.78	7.70±0.11	-7.86
	非根际	16.68±0.10		8.35±0.03	
SC30	根际	9.32±0.09	-10.85	7.15±0.04	-5.68
	非根际	10.45±0.10		7.58±0.10	
SC60	根际	10.34±0.14	-11.48	7.10±0.10	-6.54
	非根际	11.68±0.10		7.09±0.09	
SC90	根际	10.48±0.21	-14.94	7.82±0.04	-9.38
	非根际	12.32±0.13		8.35±0.03	
SC120	根际	12.64±0.21	-20.76	7.03±0.09	-12.48
	非根际	15.95±0.15		8.04±0.03	
SC150	根际	12.89±0.16	-19.77	7.04±0.05	-12.70
	非根际	16.07±0.14		8.06±0.05	

续表

试验区		含水率		pH 值	
		数值（%）	富集率（%）	数值	富集率（%）
SW6	根际	16.44±0.24	−14.39	7.96±0.06	−4.86
	非根际	19.21±0.32		8.37±0.05	
SW8	根际	15.32±0.17	−10.06	7.85±0.07	−6.36
	非根际	17.14±0.15		8.38±0.03	
SW10	根际	14.29±0.22	−15.19	7.65±0.09	−8.78
	非根际	16.85±0.12		8.39±0.04	
CK	根际	12.76±0.18	−20.91	7.10±0.08	−12.17
	非根际	16.12±0.11		8.08±0.04	

采煤沉陷裂缝对农作物根际土壤含水率具有不同程度的影响。农作物根际土壤含水率自 SC30 至 SC150 分别为 9.32%、10.34%、10.48%、12.64%、12.89%，即随着距裂缝距离的增加，农作物根际土壤含水率呈现不断增加的趋势。农作物非根际土壤含水率自 SC30 至 SC150 分别为 10.45%、11.68%、12.32%、15.95%、16.07%，即随着距裂缝距离的增加，农作物非根际土壤含水率呈现不断增加的趋势。农作物根际土壤含水率低于非根际土壤含水率。距采煤沉陷裂缝不同距离的农作物根际土壤含水率表现出不同的富集程度，自 SC30 至 SC150 其富集率分别为 −10.85%、−11.48%、−14.94%、−20.76%、−19.77%，农作物根际效应表现出不断增加的趋势。

采煤沉陷积水区对农作物根际土壤含水率的影响具有一定的差异性。农作物根际土壤含水率自 SW6 至 SW10 分别为 16.44%、15.32%、14.29%。随着距沉陷积水区距离的增加，农作物根际土壤含水率呈现不断减少的趋势。农作物非根际土壤含水率自 SW6 至 SW10 分别为 19.21%、17.14%、16.85%，农作物非根际土壤含水率呈现不断减少的趋势。距沉陷积水区的距离的不同，农作物根际土壤含水率的富集程度也有所不同，自 SW6 至 SW10 分别为−14.39%、−10.60%、−15.19%，农作物根际效应没有呈现明显的规律性。

根据表 4-1 亦可知，采煤沉陷坡地对农作物根际土壤的酸碱性（pH 值）的影响具有不同的特征。采煤沉陷坡地上坡、中坡、下坡的农作物根际土壤 pH 值分别为 7.23、7.46、7.70，自上坡至下坡呈现增加的趋势。沉陷坡地非根际土壤 pH 值分别为 8.05、8.22、8.35，自上坡至下坡呈现增加的趋势。根际土壤 pH 值低于非根际土壤 pH 值，采煤沉陷坡不同坡位农作物根际土壤 pH 值表现出不同的富集程度，自上坡至下坡其富集率分别为−10.22%、−9.25%、−7.86%，农作物根际效应呈现不断下降的趋势。

采煤沉陷裂缝对农作物根际土壤的酸碱性（pH 值）具有不同程度的影响。农作物根际土壤 pH 值自 SC30 至 SC150 分别为 7.15、7.10、7.09、7.03、7.04，随着距裂缝距离的增加，农作物根际土壤 pH 值不断减小。农作物非根际土壤 pH 值自 SC30 至 SC150 分别为 7.58、7.09、8.35、8.04、8.06，随着距裂缝距离的增加，农作物非根际土壤 pH 值呈现波动变化的趋势。农作物根际土壤 pH 值低于非根际。距采煤沉陷裂缝不同距离的农作物根际土壤 pH 值表现出不同的富集程度，自 SC30 至 SC150 其富集率分别为 − 5.68%、− 6.54%、− 9.38%、− 12.48%、−12.70%，农作物根际效应表现出不断增加的趋势。

采煤沉陷积水区对农作物根际土壤酸碱性（pH 值）的影响具有一定的差异性。农作物根际土壤 pH 值自 SW6 至 SW10 分别为 7.96、7.85、7.65。随着距沉陷积水区距离的增加，农作物根际土壤 pH 值不断减小。农作物非根际土壤 pH 值自 SW6 至 SW10 分别为 8.37、8.38、8.39。随着距沉陷积水区距离的增加，农作物非根际土壤 pH 值呈现增加的趋势。距沉陷积水区的距离的不同，农作物根际土壤 pH 值的富集程度也有所不同，自 SW6 至 SW10 分别为 -4.86%、-6.36%、-8.78%，农作物根际效应呈现增加的趋势。

因此，采煤沉陷坡地、裂缝、积水区对农作物根际土壤环境指标的影响表现出不同的规律。农作物根际土壤含水率、pH 值均低于非根际土壤的含水率、pH 值。采煤沉陷区农作物根际土壤含水率、pH 值的富集率也有所不同，并低于对照区。这表明，采煤沉陷坡地、裂缝、积水区降低了农作物的根际效应。

4.2 采煤沉陷对农作物根际土壤养分及其根际效应的影响

根据表 4-2 可知，采煤沉陷坡地对农作物根际土壤有机质含量的影响具有不同的特征。采煤沉陷坡地上坡、中坡、下坡的农作物根际土壤有机质含量分别为 37.03g/kg、31.44g/kg、26.39g/kg，自上坡至下坡呈现下降的趋势。采煤沉陷坡地上坡、中坡、下坡的农作物非根际土壤有机质含量分别为 25.09g/kg、22.73g/kg、20.26g/kg，自上坡至下坡呈现下降的趋势。农作物根际土壤有机质含量高于非根际土壤有机质含量，采煤沉陷坡地不同坡位农作物根际土壤有机质含量表现出不同的富集程度，自上坡至下坡其富集率分别为 47.59%、38.35%、30.29%，农作物根际效应呈现不断下降的趋势。

表 4-2 采煤沉陷地农作物根际土壤有机质、氮素及其富集率

试验区		有机质		全氮		碱解氮	
		数值（g/kg）	E（%）	数值（g/kg）	E（%）	数值（mg/kg）	E（%）
上坡	根际	37.03±1.67	47.59	2.15±0.06	36.73	239.92±8.86	21.69
	非根际	25.09±0.39		1.57±0.04		197.16±6.76	

续表

试验区		有机质		全氮		碱解氮	
		数值（g/kg）	E（%）	数值（g/kg）	E（%）	数值（mg/kg）	E（%）
中坡	根际	31.44±1.84	38.35	1.97±0.05	31.99	193.72±6.37	17.68
	非根际	22.73±0.29		1.49±0.03		164.62±2.51	
下坡	根际	26.39±1.35	30.29	1.69±0.09	23.66	158.69±5.94	13.87
	非根际	20.26±0.27		1.37±0.03		139.36±4.01	
C30	根际	16.37±1.12	14.61	1.49±0.09	12.59	109.99±19.05	9.36
	非根际	14.29±0.47		1.32±0.05		100.58±5.01	
C60	根际	19.95±1.68	24.41	1.73±0.11	20.29	138.11±16.64	12.11
	非根际	16.03±0.19		1.44±0.08		123.19±5.33	
C90	根际	24.43±1.05	36.11	1.99±0.11	27.51	189.14±10.62	15.71
	非根际	17.95±0.40		1.56±0.06		163.46±5.36	
C120	根际	37.51±0.85	46.70	2.34±0.14	36.12	235.67±12.00	26.01
	非根际	25.57±0.30		1.72±0.05		187.02±4.38	
C150	根际	38.53±1.18	49.43	2.45±0.12	41.27	246.54±10.01	26.66
	非根际	25.79±0.15		1.74±0.06		194.65±3.99	
W6	根际	20.64±1.52	13.93	1.58±0.07	12.43	195.46±13.15	8.82
	非根际	18.11±0.40		1.41±0.03		179.63±4.02	
W8	根际	21.65±1.21	34.83	1.70±0.09	19.57	203.26±11.07	10.09
	非根际	16.05±0.26		1.42±0.04		184.63±3.96	
W10	根际	23.72±1.18	45.98	1.77±0.06	24.55	212.69±10.99	14.57
	非根际	16.25±0.14		1.42±0.05		185.64±4.15	
CK	根际	40.76±2.19	56.60	2.48±0.10	39.40	250.14±9.97	26.19
	非根际	26.03±0.32		1.78±0.08		198.23±6.02	

采煤沉陷裂缝对农作物根际土壤的有机质含量具有不同程度的影响。农作物根际土壤有机质含量自 C30 至 C150 分别为 16.37g/kg、19.95g/kg、24.43g/kg、37.51g/kg、38.53g/kg，随着距裂缝距离的增加，农作物根际土壤有机质含量不断增加。农作物根际土壤有机质含量自 C30 至 C150 分别为 14.29g/kg、16.03g/kg、17.95g/kg、25.27g/kg、25.79g/kg，随着距裂缝距离的增加，农作物非根际土壤有机质含量不

断增加。农作物根际土壤有机质含量高于非根际土壤有机质含量,距采煤沉陷裂缝不同距离的农作物的根际土壤有机质表现出不同的富集程度,自 C30 至 C150 其富集率分别为 14.61%、24.41%、36.11%、46.70%、49.43%,农作物根际效应表现出不断增加的趋势。

采煤沉陷积水区对农作物根际土壤有机质含量的影响具有一定的差异性。农作物根际土壤有机质自 W6 至 W10 分别为 20.64g/kg、21.65g/kg、23.72g/kg。随着距沉陷积水区距离的增加,农作物根际土壤有机质含量不断增加。农作物非根际土壤有机质自 W6 至 W10 分别为 18.11g/kg、16.05g/kg、16.25g/kg。随着距沉陷积水区距离的增加,农作物非根际土壤有机质含量呈现波动变化的趋势。农作物根际土壤有机质含量高于非根际土壤有机质含量,距沉陷积水区的距离的不同,农作物根际土壤有机质的富集程度也有所不同,自 W6 至 W10 分别为 13.93%、34.83%、45.98%,距沉陷积水区越近,农作物根际效应呈现减小的趋势。

由表 4-2 可知,采煤沉陷坡地对农作物根际土壤的全氮含量的影响具有不同的特征。采煤沉陷坡地上坡、中坡、下坡的农作物根际土壤全氮含量分别为 2.15g/kg、1.97g/kg、1.69g/kg,自上坡至下坡呈现下降的趋势。采煤沉陷坡地上坡、中坡、下坡的农作物非根际土壤全氮含量分别为 1.57g/kg、1.49g/kg、1.37g/kg,自上坡至下坡呈现下降的趋势。农作物根际土壤全氮含量高于非根际土壤全氮含量,采煤沉陷坡地不同坡位农作物根际土壤全氮表现出不同的富集程度,自上坡至下坡其富集率分别为 36.73%、31.99%、23.66%,农作物根际效应呈现不断下降的趋势。

采煤沉陷裂缝对农作物根际土壤的全氮含量具有不同程度的影响。农作物根际土壤全氮含量自 C30 至 C150 分别为 1.49g/kg、1.73g/kg、1.99g/kg、2.34g/kg、2.45g/kg,随着距裂缝距离的增加,农作物根际土壤全氮含量呈现不断增加的趋势。农作物非根际土壤全氮含量自 C30

至 C150 分别为 1.32g/kg、1.44g/kg、1.56g/kg、1.72g/kg、1.74g/kg，随着距裂缝距离的增加，农作物非根际土壤全氮含量呈现不断增加的趋势。农作物根际土壤全氮含量高于非根际土壤全氮含量，距采煤沉陷裂缝不同距离的农作物的根际土壤全氮表现出不同的富集程度，自 C30 至 C150 其富集率分别为 12.59%、20.09%、27.51%、36.12%、41.27%，农作物根际效应表现出不断增加的趋势。

采煤沉陷积水区对农作物根际土壤全氮含量的影响具有一定的差异性。农作物根际土壤全氮含量自 W6 至 W10 分别为 1.58g/kg、1.70g/kg、1.77g/kg。随着距沉陷积水区距离的增加，农作物根际土壤全氮含量不断增加。农作物非根际土壤全氮含量自 W6 至 W10 分别为 1.41g/kg、1.42g/kg、1.42g/kg。随着距沉陷积水区距离的增加，农作物非根际土壤全氮含量呈现增加的趋势。农作物根际土壤全氮含量高于非根际土壤全氮含量，距沉陷积水区的距离的不同，农作物根际土壤全氮的富集程度也有所不同，自 W6 至 W10 分别为 12.43%、19.57%、24.55%，距沉陷积水区越近，农作物根际效应呈现减小的趋势。

根据表 4-2 可知，采煤沉陷坡地对农作物根际土壤的碱解氮含量的影响具有不同的特征。采煤沉陷坡地上坡、中坡、下坡的农作物根际土壤碱解氮含量分别为 239.92mg/kg、193.72mg/kg、158.69mg/kg，自上坡至下坡呈现下降的趋势。采煤沉陷坡地上坡、中坡、下坡的农作物非根际土壤碱解氮含量分别为 197.16mg/kg、164.62mg/kg、139.36mg/kg，自上坡至下坡呈现下降的趋势。农作物根际土壤碱解氮含量高于非根际土壤碱解氮含量，采煤沉陷坡地不同坡位的农作物根际土壤碱解氮表现出不同的富集程度，自上坡至下坡其富集率分别为 21.69%、17.68%、13.87%，农作物根际效应呈现不断下降的趋势。

采煤沉陷裂缝对农作物根际土壤的碱解氮含量具有不同程度的影

响。农作物根际土壤碱解氮含量自 C30 至 C150 分别为 109.99mg/kg、138.11mg/kg、189.14mg/kg、235.67mg/kg、246.54mg/kg，随着距裂缝距离的增加，农作物根际土壤碱解氮含量呈现不断增加的趋势。农作物非根际土壤碱解氮含量自 C30 至 C150 分别为 100.58mg/kg、123.19mg/kg、163.46mg/kg、187.02mg/kg、194.65mg/kg，随着距裂缝距离的增加，农作物非根际土壤碱解氮含量呈现不断增加的趋势。农作物根际土壤碱解氮含量高于非根际土壤碱解氮含量，距采煤沉陷裂缝不同距离的农作物根际土壤碱解氮表现出不同的富集程度，自 C30 至 C150 其富集率分别为 9.36%、12.11%、15.71%、26.01%、26.66%，农作物根际效应表现出不断增加的趋势。

采煤沉陷积水区对农作物根际土壤碱解氮含量的影响具有一定的差异性。农作物根际土壤碱解氮含量自 W6 至 W10 分别为 195.46mg/kg、203.26mg/kg、212.69mg/kg。随着距沉陷积水区距离的增加，农作物根际土壤碱解氮含量呈现不断增加的趋势。农作物非根际土壤碱解氮含量自 W6 至 W10 分别为 179.63mg/kg、184.63mg/kg、185.64mg/kg。随着距沉陷积水区距离的增加，农作物非根际土壤碱解氮含量呈现不断增加的趋势。农作物根际土壤碱解氮含量高于非根际土壤碱解氮含量，距沉陷积水区的距离的不同，农作物根际土壤碱解氮的富集程度也有所不同，自 W6 至 W10 分别为 8.82%、10.09%、14.57%；距沉陷积水区越近，农作物根际效应呈现减小的趋势。

根据表 4-3 可知，采煤沉陷坡地对农作物根际土壤全磷含量的影响具有不同的特征。采煤沉陷坡地上坡、中坡、下坡的农作物根际土壤全磷含量分别为 0.61g/kg、0.59g/kg、0.47g/kg，自上坡至下坡呈现下降的趋势。采煤沉陷坡地上坡、中坡、下坡的农作物非根际土壤全磷含量分别为 0.48g/kg、0.49g/kg、0.39g/kg，自上坡至下坡呈现下降的趋势。农作物根际土壤的全磷含量高于非根际土壤全磷含量，采煤沉陷坡地不同坡位农作物根际土壤全磷含量表现出不同的富集程度，自上坡至下坡其富集率分别为 26.39%、21.92%、19.49%，农作物根际效应呈现不断下降的趋势。

表 4-3　采煤沉陷区农作物根际土壤全磷、有效磷含量及其富集率

试验区		全磷		有效磷	
		数值（g/kg）	富集率（%）	数值（mg/kg）	富集率（%）
上坡	根际	0.61±0.06	26.39	10.62±0.29	−25.80
	非根际	0.48±0.02		14.32±0.34	
中坡	根际	0.59±0.06	21.92	13.27±0.31	−20.30
	非根际	0.49±0.02		16.65±0.23	
下坡	根际	0.47±0.08	19.49	8.21±0.42	−14.87
	非根际	0.39±0.03		9.64±0.37	
C30	根际	0.29±0.03	11.39	7.29±0.12	−10.00
	非根际	0.26±0.02		8.10±0.45	
C60	根际	0.36±0.03	16.30	8.57±0.61	−18.02
	非根际	0.31±0.02		10.45±0.46	
C90	根际	0.52±0.04	23.81	10.65±0.56	−20.46
	非根际	0.42±0.01		13.39±0.52	
C120	根际	0.59±0.05	29.41	11.58±0.62	−28.10
	非根际	0.45±0.02		16.11±0.57	
C150	根际	0.63±0.05	31.25	11.79±0.45	−28.46
	非根际	0.48±0.02		16.48±0.35	
W6	根际	0.44±0.03	9.17	9.73±0.55	−9.26
	非根际	0.40±0.01		10.72±0.23	
W8	根际	0.46±0.05	14.17	8.37±0.39	−12.18
	非根际	0.40±0.02		9.53±0.27	
W10	根际	0.51±0.05	20.63	8.78±0.36	−14.93
	非根际	0.42±0.02		10.32±0.21	
CK	根际	0.64±0.07	30.82	12.01±0.75	−28.91
	非根际	0.49±0.02		16.89±0.26	

采煤沉陷裂缝对农作物根际土壤的全磷含量具有不同程度的影响。农作物根际土壤全磷含量自 C30 至 C150 分别为 0.29g/kg、0.36g/kg、0.52g/kg、0.59g/kg、0.63g/kg，距裂缝越近，农作物根际土壤全磷含量呈现不断减少的趋势。农作物非根际土壤全磷含量自 C30 至 C150 分别为 0.26g/kg、0.31g/kg、0.42g/kg、0.45g/kg、0.48g/kg，距裂缝越近，农作物非根际土壤全磷含量呈现不断减少的趋势。农作物根际土壤全磷含量高于非根际土壤全磷含量，距采煤沉陷裂缝不同距离的农作物的根际土壤全磷表现出不同的富集程度，自 C30 至 C150 其富集率分别为 11.39%、16.30%、23.81%、29.41%、31.25%，距裂缝越近，农作物根际效应表现出不断减小的趋势。

采煤沉陷积水区对农作物根际土壤全磷含量的影响具有一定的差异性。农作物根际土壤全磷含量自 W6 至 W10 分别为 0.44g/kg、0.46g/kg、0.51g/kg。距沉陷积水区越近，农作物根际土壤全磷含量不断减少。农作物非根际土壤全磷含量自 W6 至 W10 分别为 0.40g/kg、0.40g/kg、0.42g/kg。距沉陷积水区越近，农作物非根际土壤全磷含量呈现减少的趋势。农作物根际土壤全磷含量高于非根际土壤全磷含量，距沉陷积水区距离的不同，农作物根际土壤全磷的富集程度也有所不同，自 W6 至 W10 分别为 9.17%、14.17%、20.63%，距沉陷积水区越近，农作物根际效应呈现减小的趋势。

由表 4-3 亦可知，采煤沉陷坡地对农作物根际土壤有效磷含量的影响具有不同的特征。采煤沉陷坡地上坡、中坡、下坡的农作物根际土壤有效磷含量分别为 10.62mg/kg、13.27mg/kg、8.21mg/kg，自上坡至下坡呈现下降的趋势。采煤沉陷坡地上坡、中坡、下坡的农作物非根际土壤有效磷含量分别为 14.32mg/kg、16.65mg/kg、9.64mg/kg，自上坡至下坡呈现波动变化的趋势。农作物根际土壤有效磷含量低于非根际土壤有效磷含量，采煤沉陷坡低不同坡位农作物根际土壤有效磷含量表现出不同的富集程度，自上坡至下坡其富集率分别为-25.80%、-20.30%、-14.87%，农作物根际效应呈现不断下降的趋势。

采煤沉陷裂缝对农作物根际土壤的有效磷含量具有不同程度的影响。农作物根际土壤有效磷含量自 C30 至 C150 分别为 7.29mg/kg、8.57mg/kg、10.65mg/kg、11.58mg/kg、11.79mg/kg，距裂缝越近，农作物根际土壤有效磷含量呈现不断减少的趋势。农作物非根际土壤有效磷含量自 C30 至 C150 分别为 8.10mg/kg、10.45mg/kg、13.39mg/kg、16.11mg/kg、16.48mg/kg，距裂缝越近，农作物非根际土壤有效磷含量呈现不断减少的趋势。农作物根际土壤有效磷含量低于非根际土壤有效磷含量，距采煤沉陷裂缝不同距离的农作物根际土壤有效磷表现出不同的富集程度，自 C30 至 C150 其富集率分别为-10.00%、-18.02%、-20.46%、-28.10%、-28.46%，距裂缝越近，根际效应表现出不断减小的趋势。

采煤沉陷积水区对农作物根际土壤有效磷含量的影响具有一定的差异性。农作物根际土壤有效磷含量自 W6 至 W10 分别为 9.73mg/kg、8.37mg/kg、8.78mg/kg。距沉陷积水区越近，农作物根际土壤有效磷含量呈现不断增加的趋势。农作物非根际土壤有效磷含量自 W6 至 W10 分别为 10.72mg/kg、9.53mg/kg、10.32mg/kg。距沉陷积水区越近，农作物根际土壤有效磷含量呈现波动变化的趋势。农作物根际土壤有效磷含量低于非根际土壤有效磷含量，距沉陷积水区距离不同，农作物根际土壤有效磷的富集程度也有所不同，自 W6 至 W10 分别为-9.26%、-12.18%、-14.93%，距沉陷积水区越近，根际效应呈现减小的趋势。

因此，采煤沉陷坡地、裂缝、积水区对农作物根际土壤肥力指标的影响表现出不同的规律。农作物根际土壤有机质、全氮、碱解氮、全磷含量均高于非根际土壤的相关含量，其有效磷含量低于非根际土壤。采煤沉陷区农作物根际土壤有机质、氮素、磷素的富集率也有所不同，并低于对照区。这表明，采煤沉陷坡地、裂缝、积水区降低了农作物的根际效应；采煤沉陷坡地自上坡至下坡，农作物的根际效应不断减小；距采煤沉陷裂缝越远，农作物的根际效应越强；距沉陷积水区越远，农作物的根际效应越强。

4.3 采煤沉陷对农作物根际土壤酶活性及其根际效应的影响

根据表 4-4 可知，采煤沉陷坡地对农作物根际土壤蔗糖酶活性的影响具有不同的特征。采煤沉陷坡地上坡、中坡、下坡的农作物根际土壤蔗糖酶活性分别为 31.00mg/g、26.60mg/g、19.80mg/g，自上坡至下坡呈现下降的趋势。采煤沉陷坡地上坡、中坡、下坡的农作物非根际土壤蔗糖酶活性分别为 19.19mg/g、18.34mg/g、14.60mg/g，自上坡至下坡呈现下降的趋势。农作物根际土壤蔗糖酶活性高于非根际土壤蔗糖酶活性，采煤沉陷坡地不同坡位的农作物根际土壤蔗糖酶活性表现出不同的根际效应，自上坡至下坡其根土比分别为 1.62、1.45、1.36，农作物根际效应呈现不断下降的趋势。

表 4-4 采煤沉陷区农作物根际土壤酶活性及其根际效应

试验区		蔗糖酶		脲酶		过氧化氢酶	
		数值（mg/g）	R/S	数值（mg/g）	R/S	数值（mg/g）	R/S
上坡	根际	31.00±1.09	1.62	2.64±0.12	2.75	4.86±0.10	1.08
	非根际	19.19±0.37		0.96±0.04		4.52±0.15	
中坡	根际	26.60±1.20	1.45	2.13±0.10	2.43	5.32±0.19	1.07
	非根际	18.34±0.28		0.88±0.03		4.96±0.15	

续表

试验区		蔗糖酶		脲酶		过氧化氢酶	
		数值（mg/g）	R/S	数值（mg/g）	R/S	数值（mg/g）	R/S
下坡	根际	19.80±1.18	1.36	1.72±0.12	2.08	5.62±0.18	1.05
	非根际	14.60±0.37		0.83±0.02		5.34±0.22	
C30	根际	13.25±1.52	1.09	1.00±0.08	1.55	4.26±0.15	1.03
	非根际	12.17±0.63		0.64±0.04		4.14±0.22	
C60	根际	18.10±1.38	1.24	1.40±0.11	1.92	4.88±0.17	1.06
	非根际	14.55±0.43		0.73±0.02		4.62±0.18	
C90	根际	24.45±2.04	1.48	2.14±0.17	2.60	5.60±0.19	1.07
	非根际	16.54±0.41		0.82±0.03		5.24±0.20	
C120	根际	31.64±2.18	1.63	2.66±0.09	2.83	5.79±0.16	1.09
	非根际	19.37±0.34		0.94±0.04		5.45±0.14	
C150	根际	33.22±1.04	1.69	2.81±0.16	2.85	6.04±0.16	1.09
	非根际	19.62±0.24		0.98±0.03		5.54±0.15	
W6	根际	16.93±0.83	1.08	1.20±0.18	1.51	5.38±0.16	1.04
	非根际	15.66±0.30		0.79±0.02		5.17±0.14	
W8	根际	18.01±0.91	1.26	1.38±0.10	1.68	5.60±0.13	1.06
	非根际	14.28±0.29		0.82±0.03		5.29±0.12	
W10	根际	19.07±0.98	1.32	1.69±0.12	2.03	5.65±0.12	1.06
	非根际	14.47±0.32		0.83±0.05		5.33±0.11	
CK	根际	33.60±1.38	1.70	2.93±0.11	2.90	6.25±0.12	1.12
	非根际	19.79±0.27		1.01±0.05		5.57±0.14	

　　采煤沉陷裂缝对农作物根际土壤的蔗糖酶活性具有不同程度的影响。农作物根际土壤蔗糖酶活性自 C30 至 C150 分别为 13.25mg/g、18.10mg/g、24.45mg/g、31.64mg/g、33.22mg/g，距裂缝越近，农作物根际土壤蔗糖酶活性呈现不断降低的趋势。农作物非根际土壤蔗糖酶活性自 C30 至 C150 分别为 12.17mg/g、14.55mg/g、16.54mg/g、19.37mg/g、19.62mg/g，距裂缝越近，农作物非根际土壤蔗糖酶活性呈现不断降低的趋势。农作物根际土壤蔗糖酶活性高于非根际土壤蔗糖

酶活性，距采煤沉陷裂缝不同距离的农作物根际土壤蔗糖酶活性表现出不同的根际效应，自 C30 至 C150 其根土比分别为 1.09、1.24、1.48、1.63、1.69，距裂缝越近，农作物根际效应表现出不断减小的趋势。

采煤沉陷积水区对农作物根际土壤蔗糖酶活性的影响具有一定的差异性。农作物根际土壤蔗糖酶活性自 W6 至 W10 分别为 16.93mg/g、18.01mg/gg、19.07mg/g。距沉陷积水区越近，农作物根际土壤蔗糖酶活性呈现不断降低的趋势。农作物非根际土壤蔗糖酶活性自 W6 至 W10 分别为 15.66mg/g、14.28mg/gg、14.47mg/g。距沉陷积水区越近，农作物非根际土壤蔗糖酶活性呈现波动变化的趋势。农作物根际土壤蔗糖酶活性高于非根际土壤蔗糖酶活性，距沉陷积水区距离不同，农作物根际土壤蔗糖酶活性的根际效应也有所不同，自 W6 至 W10 其根土比分别为 1.08、1.26、1.32；距沉陷积水区越近，农作物根际效应呈现减小的趋势。

由表 4-4 亦可知，采煤沉陷坡地对农作物根际土壤脲酶活性的影响具有不同的特征。采煤沉陷坡地上坡、中坡、下坡的农作物根际土壤脲酶活性分别为 2.64mg/g、2.13mg/g、1.72mg/g，自上坡至下坡呈现下降的趋势。采煤沉陷坡地上坡、中坡、下坡的农作物非根际土壤脲酶活性分别为 0.96mg/g、0.88mg/g、0.83mg/g，自上坡至下坡呈现下降的趋势。农作物根际土壤脲酶活性高于非根际土壤脲酶活性，采煤沉陷坡地不同坡位农作物根际土壤脲酶活性表现出不同的根际效应，自上坡至下坡其根土比分别为 2.75、2.43、2.08，农作物根际效应呈现不断下降的趋势。

采煤沉陷裂缝对农作物根际土壤的脲酶活性具有不同程度的影响。农作物根际土壤脲酶活性自 C30 至 C150 分别为 1.00mg/g、1.40mg/g、2.14mg/g、2.66mg/g、2.81mg/g，距裂缝越近，农作物根际土壤脲酶活性呈现不断降低的趋势。农作物非根际土壤脲酶活性自 C30 至 C150 分别为 0.64mg/g、0.73mg/g、0.82mg/g、0.94mg/g、0.98mg/g，距裂缝越近，农作物非根际土壤脲酶活性呈现不断降低的趋势。农作物根际土壤脲酶活性高于非根际土壤脲酶活性，距采煤沉陷裂缝不同距离的农作物根际土壤脲酶活性表现出不同的根际效应，自 C30 至 C150 其根土比分别为 1.55、1.92、2.60、2.83、2.85，距裂缝越近，农作物根际效应表现出不断减小的趋势。

采煤沉陷积水区对农作物根际土壤脲酶活性的影响具有一定的差异性。农作物根际土壤脲酶活性自 W6 至 W10 分别为 1.20mg/g、1.38mg/g、1.69mg/g。距沉陷积水区越近，农作物根际土壤脲酶活性呈现不断降低的趋势。农作物非根际土壤脲酶活性自 W6 至 W10 分别为 0.79mg/g、0.82mg/g、0.83mg/g。距沉陷积水区越近，农作物非根际土壤脲酶活性呈现不断降低的趋势。农作物根际土壤脲酶活性高于非根际土壤脲酶活性，距沉陷积水区距离不同，农作物根际土壤脲酶活性的根际效应也有所不同，自 W6 至 W10 其根土比分别为 1.51、1.68、2.03，距沉陷积水区越近，农作物根际效应呈现减小的趋势。

根据表 4-4 可知，采煤沉陷坡地对农作物根际土壤过氧化氢酶活性的影响具有不同的特征。采煤沉陷坡地上坡、中坡、下坡的农作物根际土壤过氧化氢酶活性分别为 4.86mg/g、5.32mg/g、5.62mg/g，自上坡至下坡呈现下降的趋势。采煤沉陷坡地上坡、中坡、下坡的农作物非根际土壤过氧化氢酶活性分别为 4.52mg/g、4.96mg/g、5.34mg/g，自上坡至下坡呈现下降的趋势。农作物非根际土壤过氧化氢酶活性高于非根际土壤过氧化氢酶活性，采煤沉陷坡地不同坡位农作物根际土壤过氧化氢酶活性表现出不同的根际效应，自上坡至下坡其根土比分别为 1.08、1.07、1.05，农作物根际效应呈现不断下降的趋势。

采煤沉陷裂缝对农作物根际土壤的过氧化氢酶活性具有不同程度的影响。农作物根际土壤过氧化氢酶活性自 C30 至 C150 分别为 4.26mg/g、4.88mg/g、5.60mg/g、5.79mg/g、6.04mg/g，距裂缝越近，农作物根际土壤过氧化氢酶活性呈现不断降低的趋势。农作物非根际土壤过氧化氢酶活性自 C30 至 C150 分别为 4.14mg/g、4.62mg/g、5.24mg/g、5.45mg/g、5.54mg/g，距裂缝越近，农作物非根际土壤过氧化氢酶活性呈现不断降低的趋势。农作物非根际土壤过氧化氢酶活性高于非根际土壤过氧化氢酶活性，距采煤沉陷裂缝不同距离的农作物根际土壤过氧化氢酶活性表现出不同的根际效应，自 C30 至 C150 其根土比分别为 1.03、1.06、1.07、1.09、1.09；距裂缝越近，农作物根际效应表现出不断减小的趋势。

采煤沉陷积水区对农作物根际土壤过氧化氢酶活性的影响具有一定的差异性。农作物根际土壤过氧化氢酶活性自 W6 至 W10 分别为 5.38mg/g、5.60mg/g、5.65mg/g。距沉陷积水区越近，农作物根际土壤过氧化氢酶活性呈现不断降低的趋势。农作物非根际土壤过氧化氢酶活性自 W6 至 W10 分别为 5.17mg/g、5.29mg/g、5.33mg/g。距沉陷积水区越近，农作物非根际土壤过氧化氢酶活性呈现不断降低的趋势。农作物非根际土壤过氧化氢酶活性高于非根际土壤过氧化氢酶活性，距沉陷积水区距离不同，农作物根际土壤过氧化氢酶活性的根际效应也有所不同，自 W6 至 W10 其根土比分别为 1.04、1.06、1.06；距沉陷积水区越近，农作物根际效应呈现减小的趋势。

因此，采煤沉陷坡、裂缝、积水区对农作物根际土壤酶活性指标的影响表现出不同的规律性。农作物根际土壤蔗糖酶、脲酶、过氧化氢酶活性均高于非根际土壤的相关含量。采煤沉陷区农作物根际土壤蔗糖酶、脲酶、过氧化氢酶活性的根土比也有所不同，并低于对照区。这表明，采煤沉陷坡、裂缝、积水区降低了农作物的根际效应；采煤沉陷坡自上坡至下坡，农作物的根际效应不断减小；距采煤沉陷裂缝越近，农作物的根际效应不断减小；距沉陷积水区越近，农作物的根际效应不断减小。

4.4 本章小结

（1）采煤沉陷坡地、裂缝、积水区对农作物根际土壤环境指标的影响表现出不同的规律性。农作物根际土壤含水率、pH 值均低于非根际土壤的相关数值。采煤沉陷区农作物根际土壤含水率、pH 值的富集率也有所不同，并低于对照区。这表明，采煤沉陷坡地、裂缝、积水区降低了农作物的根际效应。

（2）采煤沉陷坡地、裂缝、积水区对农作物根际土壤肥力指标的影响表现出不同的规律性。农作物根际土壤有机质、全氮、碱解氮、全磷含量均高于非根际土壤的相关数值，其有效磷含量低于非根际土壤的有效磷含量。采煤沉陷区农作物根际土壤有机质、氮素、磷素的富集率也有所不同，并低于对照区。这表明，采煤沉陷坡地、裂缝、积水区降低了农作物的根际效应；采煤沉陷坡地自上坡至下坡，农作物的根际效应不断减小；距采煤沉陷裂缝越远，农作物的根际效应越大；距沉陷积水区越远，农作物的根际效应越大。

（3）采煤沉陷坡地、裂缝、积水区对农作物根际土壤酶活性指标的影响表现出不同的规律性。农作物根际土壤蔗糖酶、脲酶、过氧化氢酶活性均高于非根际土壤的相关数值。采煤沉陷区农作物根际土壤蔗糖酶、脲酶、过氧化氢酶活性的根土比也有所不同，并低于对照区。这表明，采煤沉陷坡地、裂缝、积水区降低了农作物的根际效应；采煤沉陷坡地自上坡至下坡，农作物的根际效应不断减小；距采煤沉陷裂缝越近，农作物的根际效应越小；距沉陷积水区越近，农作物的根际效应越小。

第 5 章

采煤沉陷地土壤质量评价

　　土壤质量是在整个自然生态体系中，能够保持生物的生产力、维护生态环境质量、促进动植物和人类健康持续发展的能力[139]，也是与土壤的形成原因，以及由人类社会活动引起的动态变化紧密相关的一种固有属性[140]。土壤质量评价是在已经掌握的土壤外部的基本属性基础上，量化地表达土壤的各个内在属性，以达到全面、正确认识土壤和科学管理土壤的目的[141-146]。研究耕地土壤质量的根本目的是，寻求耕地土壤质量的变动机制，科学地建立耕地土壤质量评价指标体系，为维护耕地土壤质量和耕地土壤定向培育提供参考，从而保证农业的可持续生产[147]。煤粮复合区采煤沉陷对耕地土壤的影响是人类的煤炭开采活动对耕地土壤产生作用导致的耕地土壤特性发生的改变。采煤沉陷对耕地土壤的影响评价是指，对人类采煤活动对土壤的物理、化学、生物特性等综合作用的大小进行全面的分析和评价。

　　采煤沉陷对土壤影响的综合评价在土地复垦与生态重建中起着关键作用，是进行采煤沉陷区复垦土壤特征分析的一项基础性工作，可以为煤粮复合区土地复垦和生态重建提供基础数据，以便更好地了解和掌握采煤沉陷地土壤各个特性的变化规律，对促进煤粮复合区耕地的有效利用和保障区域经济的可持续发展具有重要的现实意义。

5.1　土壤质量评价指标和方法的选择

　　土壤质量评价经常使用的数学方法有土壤动力学法、多变量指标克里格法、灰色系统评级法、主成分分析法、聚类分析法等[148-150]。因为采煤沉陷对土壤的影响因素很多，并且各个影响因子之间具有较强的关联性，所以要想用较少的影响因子替代原来较多的影响因子，并且保持原有影响因子的绝大部分信息，可以将主成分分析法和综合评价法相结合。将两者结合应用在采煤沉陷对土壤质量的影响评价中，具有较强的可操作性。

　　土壤的形成过程极具复杂性，不同研究者选择的土壤质量评价指标、评价方法不同，其评价过程也有所不同。因此，本书在研究采煤沉陷地土壤物化生空间分布规律的基础上，结合采煤沉陷地土壤的特点，将采煤沉陷地土壤质量的评价指标分为以下几类：①采煤沉陷地土壤所处的环境指标，包括土壤含水率、土壤 pH 值；②采煤沉陷地土壤的肥力指标，包括有机质、全氮、碱解氮、全磷、有效磷含量；③采煤沉陷地土壤的健康指标，包括土壤蔗糖酶、土壤脲酶、土壤过氧化氢酶含量。通过因子的相关分析、敏感性分析以及主成分分析，本书对上述 10 项指标进行了筛选，建立适宜煤粮复合区采煤沉陷地土壤质量评价的指标体系。

5.2　土壤质量因子的相关性分析

　　本书运用 SPSS 统计软件，对土壤物化生特性的影响因子进行相关分析，确定各个土壤质量因子存在的相互关系，以便确定它们在衡量和指示耕地土壤质量中发挥的主次作用。

5.2.1 土壤环境指标与土壤肥力指标之间的相关性

本书对煤粮复合区采煤沉陷地土壤的 7 项指标的相关性进行了研究（见表 5-1），其结果表明：在 0~20cm 土层，土壤环境指标之间表现出极显著的正相关关系，而土壤含水率和土壤肥力指标之间均表现出负相关关系。土壤 pH 值和有机质、全氮、有效磷之间表现出负相关关系，而与碱解氮、全磷之间表现出正相关关系。土壤肥力指标之间表现出极显著的正相关关系[142]。在 20~40cm 土层，土壤环境指标之间表现出极显著的正相关关系，而土壤环境指标与土壤肥力指标之间表现出极显著的负相关关系；土壤肥力指标之间则表现出极显著的正相关关系。在 40~60cm 土层，土壤环境指标之间表现出极显著的正相关关系，而土壤环境指标与土壤肥力指标之间则表现出极显著的负相关关系，其中土壤 pH 值与全氮表现出负相关关系；土壤肥力指标之间表现出极显著的正相关关系。

表 5-1　土壤环境指标与土壤肥力指标的相关矩阵

土层 （cm）	指标	含水率	pH 值	有机质	全氮	碱解氮	全磷	有效磷
0~20	含水率	1						
	pH 值	0.856**	1					
	有机质	−0.144	−0.065	1				
	全氮	−0.210	−0.201	−0.851**	1			
	碱解氮	−0.136	0.120	0.690**	0.675**	1		
	全磷	−0.177	0.111	0.810**	0.735**	0.843**	1	
	有效磷	−0.211	−0.167	0.902**	0.878**	0.677**	0.807**	1

续表

土层 （cm）	指标	含水率	pH 值	有机质	全氮	碱解氮	全磷	有效磷
20~40	含水率	1						
	pH 值	0.878**	1					
	有机质	-0.766**	-0.573**	1				
	全氮	-0.594**	-0.501**	0.800**	1			
	碱解氮	-0.561**	-0.578**	0.655**	0.899**	1		
	全磷	-0.694**	-0.673**	0.762**	0.865**	0.918**	1	
	有效磷	-0.623**	-0.602**	0.696**	0.829**	0.905**	0.962**	1
40~60	含水率	1						
	pH 值	0.943**	1					
	有机质	-0.725**	-0.628**	1				
	全氮	-0.322**	-0.160	0.755**	1			
	碱解氮	-0.712**	-0.670**	0.881**	0.705**	1		
	全磷	-0.640**	-0.514**	0.906**	0.812**	0.886**	1	
	有效磷	-0.653**	-0.685**	0.819**	0.666**	0.925**	0.791**	1

注：** 表示在 0.01 水平上显著相关。

5.2.2 土壤环境指标与土壤健康指标之间的相关性

本书对煤粮复合区采煤沉陷地土壤的 5 项指标之间的相关性进行了研究（见表 5-2）。其结果表明：在 0~20cm 土层，土壤环境指标与土壤健康指标之间表现出负相关关系，土壤脲酶和土壤过氧化氢酶活性减小。土壤 pH 值与蔗糖酶呈现负相关关系，而与脲酶、过氧化氢酶呈现正相关关系。土壤健康指标之间表现出极显著的正相关关系。在 20~40cm 土层，土壤环境指标与土壤健康指标之间表现出负相关关系；土壤健康指标之间表现出极显著的正相关关系。在 40~60cm 土层，土壤环境指标与土壤健康指标之间表现出极显著的负相关关系；土壤健康指标之间表现出显著的正相关关系。

表 5-2　土壤环境指标与土壤健康指标的相关矩阵

土层 （cm）	指标	含水率	pH 值	蔗糖酶	脲酶	过氧化 氢酶
0~20	含水率	1				
	pH 值	0.856**	1			
	蔗糖酶	−0.141**	−0.068	1		
	脲酶	−0.169	0.049	0.902**	1	
	过氧化氢酶	−0.160	0.178	0.542**	0.682**	1
20~40	含水率	1				
	pH 值	0.878**	1			
	蔗糖酶	−0.641**	−0.663**	1		
	脲酶	−0.640**	−0.601**	0.947**	1	
	过氧化氢酶	−0.430**	−0.340*	0.797**	0.803**	1
40~60	含水率	1				
	pH 值	0.943**	1			
	蔗糖酶	−0.881**	−0.892**	1		
	脲酶	−0.736**	−0.584**	0.803**	1	
	过氧化氢酶	−0.549**	−0.444**	0.728**	0.819**	1

注：**表示在 0.01 水平上显著相关；*表示在 0.05 水平上显著相关。

5.2.3　土壤肥力指标与土壤健康指标之间的相关性

本书对煤粮复合区采煤沉陷地土壤的 8 项指标之间的相关性进行了研究（见表 5-3），其结果表明：在 0~20cm 土层，土壤肥力指标与土壤健康指标之间存在极显著的正相关关系；在 20~40cm 土层，土壤肥力指标与土壤健康指标之间存在极显著的正相关关系；在 40~60cm 土层，土壤肥力指标与土壤健康指标之间表现出极显著的正相关关系。

表5-3　土壤肥力指标与土壤健康指标的相关矩阵

土层(cm)	指标	有机质	全氮	碱解氮	全磷	有效磷	蔗糖酶	脲酶	过氧化氢酶
0~20	有机质	1							
	全氮	0.851**	1						
	碱解氮	0.690**	0.675**	1					
	全磷	0.810**	0.735**	0.843**	1				
	有效磷	0.902**	0.878**	0.677**	0.807**	1			
	蔗糖酶	0.949**	0.898**	0.744**	0.869**	0.953**	1		
	脲酶	0.898**	0.846**	0.829**	0.912**	0.828**	0.902**	1	
	过氧化氢酶	0.514**	0.574**	0.711**	0.727**	0.511**	0.542**	0.682**	1
20~40	有机质	1							
	全氮	0.800**	1						
	碱解氮	0.655**	0.899**	1					
	全磷	0.762**	0.865**	0.918**	1				
	有效磷	0.696**	0.829**	0.905**	0.962**	1			
	蔗糖酶	0.692**	0.868**	0.939**	0.937**	0.944**	1		
	脲酶	0.786**	0.927**	0.947**	0.940**	0.918**	0.947**	1	
	过氧化氢酶	0.612**	0.785**	0.783**	0.805**	0.831**	0.797**	0.803**	1
40~60	有机质	1							
	全氮	0.755**	1						
	碱解氮	0.881**	0.705**	1					
	全磷	0.906**	0.812**	0.886**	1				
	有效磷	0.819**	0.666**	0.925**	0.791**	1			
	蔗糖酶	0.826**	0.496**	0.898**	0.787**	0.881**	1		
	脲酶	0.948**	0.811**	0.881**	0.921**	0.769**	0.803**	1	
	过氧化氢酶	0.799**	0.783**	0.843**	0.839**	0.787**	0.728**	0.819**	1

注：**表示在0.01水平上显著相关。

5.3 土壤质量评价指标权重

5.3.1 土壤质量评价指标权重的确定

在采煤沉陷地土壤质量评价中，评价指标的权重能够反映各个评价指标对评价对象的影响程度和贡献率。由于土壤质量的各个评价指标对土壤质量的影响程度具有一定的差异性，因此要正确地评价各个指标的影响程度就要确定指标的权重。评价指标权重的确定对于评价采煤沉陷地土壤质量起到了关键作用，并直接决定了采煤沉陷地土壤质量评价结果的准确性。因此，客观地确定评价指标的权重，是评价采煤沉陷地土壤质量的重中之重。

确定土壤质量评价指标权重的方法在总体上分为主观赋权法和客观赋权法。以往的研究成果有人为地确定土壤质量评价指标权重，这会导致土壤质量评价结果具有较差的客观性。确定评价指标权重主要有主成分分析法、相关系数法、灰色关联度法和回归分析法等。为了更加符合采煤沉陷地土壤质量的实际情况，避免受人为因素的影响，本研究选择主成分分析法，确定采煤沉陷地土壤质量评价指标体系各个评价指标的权重。

主成分分析法的基本原理如下：主成分分析又被称为"主分量分析"，其基本思想是将多个原始的测定分析指标综合为少数几个综合测定分析指标，解释多个参数指标的协方差结构，简化测定分析数据，揭示测定分析指标变量的相互关系。

本书的主成分分析确定权重步骤如下。

（1）根据选择的土壤质量评价指标，建立评价矩阵 X。本书选择的评价指标有 10 个，土壤采样按照采煤沉陷坡地 3 组、沉陷裂缝 5 组、沉陷积水 6 组、对照 1 组，土壤样品采集的层次分别为 0~20cm、20~40cm、40~60cm，以此按照不同的深度构建 3 个 15×11 的原始数据矩阵。

（2）对原始数据进行标准化转化。由于待评价的耕地土壤质量指标之间在量纲和标度类型上有差别，为了方便各个评价指标之间的比较，消除不同评价指标之间的量纲和标度类型差异对耕地土壤质量评价结果造成的影响，本书需要对评价指标的原始数据进行标准化处理，由原始的量纲数据转换为无量纲数据，具体计算过程为

$$X_{ij}^* = \frac{X_{ij} - \overline{X}_{ij}}{\sigma_j} \tag{5-1}$$

$$\overline{X}_j = \frac{1}{n} \sum_{i=1}^{n} X_{ij} \tag{5-2}$$

$$\sigma_j^2 = \frac{1}{n-1} \sum_{i=1}^{n} (X_{ij} - \overline{X}_j)^2 \tag{5-3}$$

其中，X_{ij}^* 为采煤沉陷地第 i 组土样第 j 个指标的标准化数据；X_{ij} 为分析数据；$\overline{X}_j$ 为第 j 个指标的平均值；σ_j 为采煤沉陷地土壤第 j 个指标的标准差。在上述方程中，i 的取值为 1，2，3，…，15；j 的取值为 1，2，3，…，11。

（3）计算评价指标的矩阵。本书采用土壤质量评价指标标准化数据建立评价矩阵，分析各个指标间的相关性，确定评价指标间的相关性，具体计算结果见表 5-3。

（4）计算特征值和特征向量。本书求解特征方程 $|R-\lambda I=0|$，计算特征值 $\lambda_j(i=1，2，…，r)$，并将特征值由大到小进行排序，也就是

$\lambda_1 \geq \lambda_2 \geq \lambda_3 \cdots \geq \lambda_p \geq 0 (j = 1, 2, 3, \cdots)$。然后将得到的特征值代入方程进行求解获得对应的特征向量 e_j。相关系数的特征值结果见表 5-4。

表 5-4　采煤沉陷地 0~20cm 土层土壤质量评价指标主成分分析

土层主成分	0~20cm					
	主成分特征值及累积贡献率			提取主成分特征值及累积贡献率		
	特征值	贡献率（%）	累积贡献率（%）	特征值	贡献率（%）	累积贡献率（%）
1	6.523	65.232	65.232	6.523	65.232	65.232
2	1.895	18.952	84.184	1.895	18.952	84.184
3	0.801	8.010	92.194	0.801	8.010	92.194
4	0.289	2.893	95.087	—	—	—
5	0.198	1.982	97.069	—	—	—
6	0.133	1.327	98.396	—	—	—
7	0.090	0.899	99.294	—	—	—
8	0.039	0.393	99.687	—	—	—
9	0.018	0.182	99.869	—	—	—
10	0.013	0.131	100.000	—	—	—

（5）计算相关主成分贡献率及累积贡献率，确定主成分个数，其具体的计算方程为

贡献率：
$$\lambda_j \Big/ \sum_{j=1}^{p} \lambda_j \tag{5-4}$$

累积贡献率：
$$\sum_{j=1}^{r} \lambda_j \Big/ \sum_{j=1}^{p} \lambda_j \tag{5-5}$$

（6）根据获得的累积贡献率，取累积贡献率不小于 85% 的特征值，即 $\lambda_1, \lambda_2, \lambda_3, \cdots, \lambda_r$ 对应的主成分，从而达到降维的目的，计算结果见表 5-4。

（7）计算主成分载荷 L_{ij} 以及公因子方差。主成分载荷是各个主成分特征值的方根与其对应特征向量的乘积，反映主成分与原始评价因子

的相关关系。各个主成分的载荷矩阵为

$$L_{ij} = \sqrt{\lambda_i e_{ij}} \qquad (5-6)$$

其中，L_{ij} 为第 j 个主成分载荷；λ_i 为第 i 个主成分的特征值；e_{ij} 为第 i 个主成分的第 j 个评价指标的特征向量。

由主成分载荷矩阵可以计算采煤沉陷地土壤评价指标的公因子方差：

$$H_j^2 = L_{1j}^2 + L_{2j}^2 + \cdots + L_{ij}^2 \qquad (5-7)$$

其中，H_j^2 为第 i 个评价指标的公因子方差；L_{ij} 为第 j 个参数对第 i 个主成分载荷，各个成分的公因子方差结果见表 5-5。

表 5-5　采煤沉陷地 0~20cm 土层土壤综合质量指标的负荷量与权重

指标	负荷量			权重
	第一主成分	第二主成分	公因子方差	
含水率	-0.227	0.900	0.861	0.102
pH 值	-0.050	0.987	0.977	0.116
有机质	0.927	-0.008	0.859	0.102
全氮	0.905	-0.122	0.833	0.099
碱解氮	0.851	0.162	0.750	0.089
全磷	0.930	0.129	0.882	0.105
有效磷	0.921	-0.105	0.859	0.102
蔗糖酶	0.960	-0.003	0.921	0.109
脲酶	0.960	0.084	0.929	0.110
过氧化氢酶	0.715	0.187	0.547	0.065

（8）采煤沉陷地土壤质量各个评价指标权重的确定。

$$w_j = H_j^2 / \sum_{j=1}^{p} H_j^2 \qquad (5-8)$$

$$\sum_{j=1}^{n} w_j = 1 \qquad (5-9)$$

其中，w_j 为第 j 个评价指标的权重；H_i^2 为第 i 个评价指标的公因子方差，结果见表 5-5。

5.3.2 计算结果分析

本书通过对九里山矿采煤沉陷地土壤质量评价指标进行主成分分析，结果见表 5-4、表 5-6、表 5-8。

表 5-6 采煤沉陷地 20~40cm 土层土壤质量评价指标主成分分析

土层主成分	20~40cm					
	主成分特征值及累积贡献率			提取主成分特征值及累积贡献率		
	特征值	贡献率（%）	累积贡献率（%）	特征值	贡献率（%）	累积贡献率（%）
1	7.858	78.584	78.584	7.858	78.584	78.584
2	1.084	10.841	89.425	1.084	10.841	89.425
3	0.461	4.606	94.031	—	—	—
4	0.251	2.514	96.545	—	—	—
5	0.132	1.324	97.869	—	—	—
6	0.065	0.651	98.520	—	—	—
7	0.052	0.523	99.044	—	—	—
8	0.045	0.452	99.496	—	—	—
9	0.030	0.295	99.791	—	—	—
10	0.021	0.209	100.000	—	—	—

表 5-4 是采煤沉陷地 0~20cm 土层的土壤质量评价指标主成分分析表。从表 5-4 中可以看出，0~20cm 土层土壤的第一主成分贡献率达到了 65.232%，第二主成分的贡献率为 18.952%，第三主成分的贡献率为 8.010%，累积贡献率达到了 92.194%。根据主成分分析的原理可知，累积贡献率不小于 85% 时，就可以充分反映原始变量的变异信息。因

此，采煤沉陷地 0~20cm 土层提取第一、第二、第三主成分来代替原始评价指标体系的变异情况。

表 5-6 是采煤沉陷地 20~40cm 土层土壤质量评价指标主成分分析表。从表 5-6 中可以看出，20~40cm 土层的第一、第二主成分贡献率分别达到了 78.584%、10.841%，累积贡献率达到了 89.425%，超过了 85%，这表明第一、第二主成分可以反映评价指标体系原始变量的变异信息。表 5-8 是采煤沉陷地 40~60cm 土层土壤质量评价指标主成分分析表。从 5-8 中可以看出，40~60cm 土层的第一、第二主成分的贡献率分别达到了 71.394%、19.073%，累积贡献率达到了 90.467%，超过了 85%，这表明第一、第二主成分可以反映评价指标体系原始变量的变异信息。综上所述，0~20cm 土层、20~40cm 土层、40~60cm 土层可以分别提取 3 个、2 个、2 个主成分来反映采煤沉陷地土壤质量空间变化情况。相应地，本书由 3 个、2 个、2 个独立的主成分替代原来的 10 个彼此相关的评价指标，简化评价指标体系的数据。

耕地土壤质量评价指标的载荷量，可以计算出各个土壤质量评价指标的公因子方差和权重，而公因子方差反映了其所选择的主成分的重要程度。本书通过式（5-7）计算评价指标的公因子方差，根据式（5-8）确定各个评价指标的权重，计算结果分别见表 5-5、表 5-7、表 5-9。对于采煤沉陷地 0~20cm 土层来说，权重比较大的评价指标分别为土壤 pH 值、脲酶、蔗糖酶、有效磷、全磷、含水率和有机质，其次分别为全氮、碱解氮、过氧化氢酶，说明这些评价指标在土壤质量中都发挥了重要作用。对于采煤沉陷地 20~40cm 土层来说，权重较大的评价指标分别为土壤 pH 值、含水率、蔗糖酶、脲酶、有机质、有效磷，其次分别为全磷、过氧化氢酶、全氮、碱解氮，这些评价指标是土壤质量评价体系中的重要指标。对于采煤沉陷地 40~60cm 土层来说，权重较大的评价指标分别为土壤 pH 值、含水率、蔗糖酶、脲酶、全磷、有效磷，其次分别为过氧化氢酶、全氮、碱解氮、有机质，这些评价指标都对采煤沉陷地土壤质量起着重要的作用。

表 5-7　采煤沉陷地 20~40cm 土层土壤综合质量指标的负荷量与权重

指标	负荷量				权重
	第一主成分	第二主成分	第三主成分	公因子方差	
含水率	-0.756	0.612	0.336	0.974	0.106
pH 值	-0.709	0.631	-0.071	0.982	0.107
有机质	0.826	-0.193	0.267	0.930	0.101
全氮	0.920	0.177	0.192	0.870	0.094
碱解氮	0.935	0.198	-0.288	0.833	0.090
全磷	0.973	0.046	-0.156	0.906	0.098
有效磷	0.947	0.142	0.265	0.930	0.101
蔗糖酶	0.960	0.097	0.244	0.980	0.106
脲酶	0.970	0.129	-0.022	0.929	0.101
过氧化氢酶	0.822	0.395	-0.581	0.884	0.096

表 5-8　采煤沉陷地 40~60cm 土层土壤质量评价指标主成分分析

土层主成分	40~60cm					
	主成分特征值及累积贡献率			提取主成分特征值及累积贡献率		
	特征值	贡献率（%）	累积贡献率（%）	特征值	贡献率（%）	累积贡献率（%）
1	7.139	71.394	71.394	7.139	71.394	71.394
2	1.907	19.073	90.467	1.907	19.073	90.467
3	0.462	4.621	95.088			
4	0.217	2.173	97.261			

续表

土层主成分	40~60cm					
	主成分特征值及累积贡献率			提取主成分特征值及累积贡献率		
	特征值	贡献率（%）	累积贡献率（%）	特征值	贡献率（%）	累积贡献率（%）
5	0.111	1.110	98.371			
6	0.073	0.732	99.103			
7	0.049	0.488	99.591			
8	0.021	0.210	99.801			
9	0.014	0.139	99.941			
10	0.006	0.059	100.000			

表 5-9　采煤沉陷地 40~60cm 土层土壤综合质量指标的负荷量与权重

指标	负荷量			权重
	第一主成分	第二主成分	公因子方差	
含水率	−0.656	0.711	0.936	0.103
pH 值	−0.368	0.922	0.987	0.109
有机质	0.715	0.505	0.766	0.085
全氮	0.860	0.378	0.883	0.098
碱解氮	0.923	−0.186	0.886	0.098
全磷	0.950	0.100	0.912	0.101
有效磷	0.946	0.113	0.908	0.100
蔗糖酶	0.946	−0.204	0.936	0.103
脲酶	0.962	0.088	0.933	0.103
过氧化氢酶	0.923	0.214	0.899	0.099

5.4 土壤质量评价指标隶属度

5.4.1 评价指标隶属度函数的确定

模糊数学是运用数学的理论和方法研究模糊现象的数学理论。模糊性是指客观事物间的差异在中间过渡时所表现出的不分明性。采煤沉陷地土壤质量评价因素的差异是渐变的,对耕地土壤质量的影响也是渐变的,并且在中间过渡中表现了不分明性,所以采煤沉陷地土壤质量与各个评价指标具有模糊的关系。本书采取模糊数学原理,构建采煤沉陷地土壤质量评价指标与土壤功能间具有连续性质的隶属度函数。隶属度函数本质上是各个耕地土壤质量评价指标对植物的生长效应曲线之间关系的数学表达式,其可以将各个土壤质量评价指标进行标准化,转化为 0~1 的无量纲值(也就是隶属度)。土壤评价指标的标准化一般通过 3 类标准评分方程进行[143]:①SSF1,数值越大越好(升型);②SSF2,最适宜的范围(梯形);③SSF3,数值越小越好(降型)。每一个指标都需要选择合适的评价指标隶属度函数,并合理地确定隶属度的上限、下限、基准值、斜率等参数,再将各个土壤质量的评价指标的测定值代入隶属度函数,计算得到标准得分值(也就是隶属度)。

根据已有的研究成果,耕地土壤有机质、全氮、碱解氮、全磷、有效磷等一般选取升型函数来计算评价指标的隶属度;土壤 pH 值、含水率等评价因素均采用梯形函数来计算隶属度;土壤的全盐含量选取降型函数来计算隶属度[144]。

升型分布的隶属度函数表达式为[145]

$$\mu(x) = \begin{cases} 1 & x \geqslant b \\ \dfrac{x-a}{b-a} & a < x < b \\ 0 & x \leqslant a \end{cases} \tag{5-10}$$

降型分布的隶属度函数表达式为

$$\mu(x) = \begin{cases} 1 & x \leqslant b \\ \dfrac{x-a}{b-a} & a > x > b \\ 0 & x \geqslant a \end{cases} \tag{5-11}$$

梯形分布的隶属度函数表达式为

$$\mu(x) = \begin{cases} 1 & b_2 \geqslant x \geqslant b_1 \\ x-a_1/b_1-a_1 & a_1 < x < b_1 \\ a_2-x/a_2-b_2 & a_2 > x > b_2 \\ 0 & x \geqslant a_1 \ \text{或者} \ x \geqslant a_2 \end{cases} \tag{5-12}$$

其中，$\mu(x)$ 表示评价指标值的隶属函数；x 表示评价指标值；a、b、a_1、a_2、b_1、b_2 分别代表评价指标的临界值。

根据煤粮复合区采煤沉陷地的实际情况，结合以往的研究成果[146,147]，本书土壤质量评价指标隶属度函数的构建，以及其中各个参数确定如下。

（1）土壤环境评价模型。在此，土壤环境是指土壤 pH 值、土壤含水率。

土壤 pH 值的评价模型为

$$\mu(x) = \begin{cases} 0 & x \leqslant 4 \ \text{或} \ x \geqslant 10 \\ (x-4) \ /3 & 4 < x < 7 \\ (10-x) \ /3 & 7 < x < 10 \\ 1 & x = 7 \end{cases} \tag{5-13}$$

土壤含水率的评价模型为

$$\mu(x) = \begin{cases} 1 & 12 \leqslant x \leqslant 18 \\ (x-3)/9 & 3 < x < 12 \\ (24-x)/6 & 18 < x < 24 \\ 0 & x \leqslant 3 \text{ 或者 } x \geqslant 24 \end{cases} \qquad (5-14)$$

（2）土壤肥力评价模型。在此，土壤肥力评价指标是指土壤有机质、土壤全氮、碱解氮、全磷、有效磷。

$$\mu(x) = \begin{cases} 1 & x \geqslant x_0 \\ x/x_0 & x < x_0 \end{cases} \qquad (5-15)$$

其中，x 表示评价指标肥力的实测值；x_0 表示评价指标的上临界值；$\mu(x)$ 表示评价指标的隶属函数。

根据九里山矿区采煤沉陷地土壤的实际情况，结合以往研究成果[148,149]，本书确定的土壤肥力上临界值，见表 5-10。

表 5-10　土壤肥力评价指标的临界值

评价因子	有机质（g/kg）	全氮（g/kg）	碱解氮（mg/kg）	全磷（g/kg）	有效磷（mg/kg）
上临界值	26.00	1.75	190.00	0.45	16.50

（3）土壤健康评价模型。在此，土壤健康因子是指土壤蔗糖酶、脲酶、过氧化氢酶。

$$\mu(x) = \begin{cases} 1 & x \geqslant x_0 \\ x/x_0 & x < x_0 \end{cases} \qquad (5-16)$$

其中，x 表示评价指标健康的实测值；x_0 表示评价指标的上临界值；$\mu(x)$ 表示评价指标的隶属函数。

根据九里山矿区采煤沉陷地土壤的实际情况，结合以往研究成果，本书确定的土壤健康指标上临界值，见表 5-11。

表 5-11 土壤健康评价指标的临界值

评价因子	蔗糖酶（mg/g）	脲酶（mg/g）	过氧化氢酶（mg/g）
上临界值	19.50	1.00	5.50

5.4.2 结果分析

根据各个耕地土壤质量评价指标的隶属度函数表达式，本书将采煤沉陷地土壤质量各个评价指标的实测值代入隶属度函数表达式，得到各个耕地土壤质量评价指标的隶属度值，其计算结果见表 5-12、表 5-13。

表 5-12 采煤沉陷地土壤环境、健康评价指标的隶属度

土层（cm） 评价因子	微地形	含水率	pH 值	蔗糖酶	脲酶	过氧化氢酶
0~20	上坡	1.000	0.649	0.984	0.960	0.822
	中坡	1.000	0.593	0.940	0.877	0.902
	下坡	1.000	0.549	0.749	0.830	0.971
	CK	1.000	0.640	1.000	1.000	1.000
	C30	0.828	0.808	0.624	0.643	0.753
	C60	0.968	0.802	0.746	0.727	0.839
	C90	1.000	0.727	0.848	0.823	0.953
	C120	1.000	0.654	0.994	0.940	0.991
	C150	1.000	0.647	1.000	0.983	1.000
	W0	0.000	0.444	0.640	0.620	0.741
	W2	0.593	0.519	0.889	0.880	0.988
	W4	0.689	0.524	0.848	0.870	0.882
	W6	0.799	0.544	0.803	0.793	0.940
	W8	1.000	0.539	0.733	0.820	0.961
	W10	1.000	0.538	0.742	0.830	0.970

续表

评价因子 土层（cm）	微地形	含水率	pH 值	蔗糖酶	脲酶	过氧化氢酶
20~40	上坡	0.801	0.701	0.717	0.773	0.773
	中坡	0.781	0.680	0.702	0.723	0.781
	下坡	0.735	0.647	0.623	0.607	0.756
	CK	0.829	0.693	0.735	0.800	0.807
	C30	1.000	0.821	0.482	0.510	0.661
	C60	1.000	0.810	0.587	0.617	0.747
	C90	1.000	0.706	0.718	0.750	0.790
	C120	1.000	0.703	0.720	0.773	0.799
	C150	1.000	0.701	0.724	0.810	0.805
	W0	0.000	0.313	0.450	0.407	0.699
	W2	0.000	0.380	0.468	0.520	0.703
	W4	0.000	0.397	0.477	0.547	0.712
	W6	0.000	0.411	0.498	0.563	0.727
	W8	0.470	0.420	0.517	0.583	0.750
	W10	0.679	0.443	0.563	0.627	0.766
40~60	上坡	1.000	0.780	0.487	0.493	0.675
	中坡	1.000	0.753	0.476	0.463	0.664
	下坡	1.000	0.740	0.430	0.430	0.598
	CK	1.000	0.799	0.490	0.513	0.696
	C30	1.000	0.927	0.419	0.330	0.570
	C60	1.000	0.877	0.449	0.390	0.623
	C90	1.000	0.808	0.481	0.470	0.676
	C120	1.000	0.806	0.483	0.483	0.682
	C150	1.000	0.798	0.487	0.500	0.693

续表

评价因子 土层（cm）	微地形	含水率	pH 值	蔗糖酶	脲酶	过氧化氢酶
40~60	W0	0.000	0.281	0.327	0.207	0.573
	W2	0.000	0.312	0.333	0.317	0.576
	W4	0.000	0.357	0.349	0.360	0.584
	W6	0.000	0.381	0.355	0.397	0.596
	W8	0.000	0.417	0.374	0.420	0.642
	W10	0.298	0.420	0.379	0.423	0.670

表 5-13　采煤沉陷地土壤肥力评价指标的隶属度

评价因子 土层（cm）	微地形	有机质	全氮	碱解氮	全磷	有效磷
0~20	上坡	1.000	0.924	1.000	1.000	0.852
	中坡	0.909	0.876	0.866	1.000	0.991
	下坡	0.810	0.804	0.733	0.874	0.574
	CK	1.000	1.000	1.000	1.000	1.000
	C30	0.571	0.778	0.529	0.585	0.482
	C60	0.641	0.849	0.648	0.681	0.622
	C90	0.718	0.920	0.860	0.933	0.797
	C120	1.000	1.000	0.984	1.000	0.959
	C150	1.000	1.000	1.000	1.000	0.981
	W0	0.551	0.769	0.542	0.504	0.483
	W2	0.798	0.905	0.871	1.000	0.747
	W4	0.780	0.899	0.712	0.933	0.668
	W6	0.725	0.828	0.945	0.889	0.638
	W8	0.642	0.835	0.972	0.889	0.567
	W10	0.650	0.837	0.977	0.933	0.614

续表

评价因子 土层（cm）	微地形	有机质	全氮	碱解氮	全磷	有效磷
20～40	上坡	0.546	0.618	0.665	0.622	0.488
	中坡	0.541	0.571	0.587	0.659	0.620
	下坡	0.538	0.537	0.496	0.548	0.463
	CK	0.552	0.616	0.682	0.733	0.625
	C30	0.492	0.478	0.401	0.437	0.325
	C60	0.528	0.537	0.547	0.622	0.505
	C90	0.542	0.569	0.641	0.689	0.610
	C120	0.547	0.586	0.662	0.711	0.615
	C150	0.550	0.598	0.668	0.726	0.620
	W0	0.353	0.471	0.412	0.356	0.313
	W2	0.476	0.500	0.416	0.400	0.342
	W4	0.503	0.524	0.447	0.444	0.359
	W6	0.519	0.541	0.470	0.496	0.385
	W8	0.525	0.553	0.488	0.504	0.426
	W10	0.529	0.553	0.495	0.533	0.457
40～60	上坡	0.383	0.469	0.507	0.444	0.323
	中坡	0.366	0.449	0.454	0.415	0.215
	下坡	0.358	0.427	0.420	0.356	0.169
	CK	0.384	0.504	0.514	0.467	0.321
	C30	0.344	0.376	0.336	0.267	0.155
	C60	0.359	0.418	0.443	0.333	0.251
	C90	0.376	0.480	0.486	0.415	0.314
	C120	0.383	0.488	0.496	0.430	0.319
	C150	0.382	0.494	0.511	0.459	0.319
	W0	0.307	0.394	0.322	0.222	0.143
	W2	0.337	0.418	0.330	0.267	0.146

续表

土层（cm） / 评价因子	微地形	有机质	全氮	碱解氮	全磷	有效磷
40～60	W4	0.347	0.441	0.345	0.289	0.154
	W6	0.355	0.453	0.380	0.356	0.163
	W8	0.358	0.465	0.386	0.363	0.165
	W10	0.362	0.476	0.404	0.385	0.169

从表 5-12 中可以看出，在 0～20cm 土层，在土壤的环境评价指标中，沉陷坡地土壤含水率的隶属度为 1，说明含水率处于最佳的适宜范围，采煤沉陷坡地对土壤含水率的影响较小，仍然适宜农作物的生长和发育，其变化对土壤质量的影响不大。采煤沉陷裂缝显著减小了距离其 60cm 范围内的土壤含水率，其变化对土壤质量的影响较大，而对距离裂缝 60cm 范围外土壤的含水率影响不大。采煤沉陷积水区对土壤含水率影响较大，W0 处的隶属度为 0，土壤含水率已经严重影响农作物的生长，对土壤质量的影响非常大。在 20～40cm 土层，采煤沉陷坡地显著减小了土壤含水率，而采煤沉陷裂缝对土壤含水率无显著影响，其隶属度均为 1。采煤沉陷积水区显著增加了距其 6m 范围内的土壤含水率，其隶属度均为 0。在 40～60cm 土层，采煤沉陷坡地和沉陷裂缝对土壤含水率的影响不大，其隶属度均为 1，采煤沉陷积水区对距离沉陷积水 8m 范围内土壤的影响最大，其隶属度均为 0。采煤沉陷区微地形对土壤 pH 值、蔗糖酶、脲酶、过氧化氢酶均具有不同程度的影响。

从表 5-13 可以看出，采煤沉陷地土壤肥力评价指标的隶属度变化不一，采煤沉陷坡地、沉陷裂缝、沉陷积水区对土壤的有机质、全氮、碱解氮、全磷、有效磷隶属度的范围为 0～1，并且不同土层的土壤肥力含量表现出不同的变化特征。随着土壤深度的增加，各个评价指标的隶属度均呈现减小的趋势。

从表 5-14 中可以看出，采煤沉陷地农作物根际土壤环境、健康评价指标的隶属度具有不同的变化规律。农作物根际土壤含水率、pH 值指标的隶属度明显高于非根际土壤（0~20cm 土层）的相关数据，而农作物根际土壤蔗糖酶、脲酶、过氧化氢酶的隶属度也明显高于非根际土壤的相关数据。采煤沉陷微地形对农作物根际土壤环境、健康评价指标的隶属度的影响具有一定的差异性。

从表 5-15 中可以看出，采煤沉陷地农作物根际土壤肥力评价指标的隶属度变化不一。农作物根际土壤有机质、氮素、磷素的隶属度明显高于非根际土壤的相关数据。采煤沉陷微地形对农作物根际土壤肥力指标的隶属度具有不同的影响规律。

表 5-14　采煤沉陷地农作物根际土壤环境、健康评价指标的隶属度

实验区	含水率	pH 值	蔗糖酶	脲酶	过氧化氢酶
上坡	1.000	0.923	1.000	1.000	0.884
中坡	1.000	0.847	1.000	1.000	0.968
下坡	1.000	0.768	1.000	1.000	1.000
C30	0.702	0.951	0.679	1.000	0.775
C60	0.815	0.968	0.928	1.000	0.887
C90	0.831	0.971	1.000	1.000	1.000
C120	1.000	0.989	1.000	1.000	1.000
C150	1.000	0.988	1.000	1.000	1.000
W6	1.000	0.680	0.868	1.000	0.978
W8	1.000	0.717	0.924	1.000	1.000
W10	1.000	0.783	0.978	1.000	1.000
CK	1.000	0.968	1.000	1.000	1.000

表 5-15　采煤沉陷地农作物根际土壤肥力评价指标的隶属度

实验区	有机质	全氮	碱解氮	全磷	有效磷
上坡	1.000	1.000	1.000	1.000	0.644
中坡	1.000	1.000	1.000	1.000	0.804
下坡	1.000	1.000	0.835	1.000	0.497

续表

实验区	有机质	全氮	碱解氮	全磷	有效磷
C30	0.630	0.851	0.579	0.652	0.442
C60	0.767	1.000	0.727	0.793	0.519
C90	0.939	1.000	0.995	1.000	0.645
C120	1.000	1.000	1.000	1.000	0.702
C150	1.000	1.000	1.000	1.000	0.714
W6	0.794	0.905	1.000	0.970	0.590
W8	0.833	0.970	1.000	1.000	0.507
W10	0.912	1.000	1.000	1.000	0.532
CK	1.000	1.000	1.000	1.000	0.728

5.5 采煤沉陷地土壤质量评价

根据模糊数学理论中的加乘法原则，本书的各个耕地质量评价指标土壤质量指数（IUI）采用下列公式进行计算：

$$IUI = \sum_{i=1}^{10} \mu(x_i) \times w_i \qquad (5-17)$$

其中，IUI 表示各个指标沉陷地土壤质量指数；$\mu(x_i)$ 表示第 i 项土壤质量评价的隶属度值；w_i 为第 i 项土壤质量评价指标的权重系数，IUI 的值越大，表明该指标土壤质量越高。

5.5.1 采煤沉陷地土壤质量评价

表 5-16 表示的是采煤沉陷地土壤质量综合评价结果。为了更加直观地反映采煤沉陷地土壤质量的变化情况，本书将土壤质量评价结果作图，结果如图 5-1、图 5-2、图 5-3 所示。

表 5-16　采煤沉陷地土壤质量指数

不同微地形	不同土层土壤质量指数		
	0~20cm	20~40cm	40~60cm
上坡	0.918	0.672	0.561
中坡	0.891	0.666	0.531
下坡	0.780	0.597	0.498
CK	0.957	0.708	0.574
C30	0.659	0.566	0.479
C60	0.750	0.654	0.520
C90	0.851	0.704	0.556
C120	0.945	0.714	0.562
C150	0.954	0.722	0.569
W0	0.520	0.373	0.275
W2	0.808	0.417	0.301
W4	0.775	0.437	0.321
W6	0.779	0.456	0.342
W8	0.783	0.522	0.358
W10	0.796	0.564	0.398

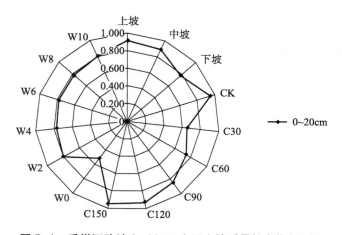

图 5-1　采煤沉陷地 0~20cm 土层土壤质量综合指数雷达

根据图 5-1 可知，采煤沉陷地 0~20cm 土层土壤质量综合指数具有一定的差异性。采煤沉陷坡地土壤质量综合指数沿坡长分布差异比较明显，其排序为上坡土壤质量综合指数>中坡土壤质量综合指数>下坡土壤质量综合指数，随着坡长的增加，土壤质量表现出下降的变化趋势。采煤沉陷对下坡的土壤质量影响较大，而对上坡和中坡的土壤质量的影响较小，上坡、中坡、下坡分别比对照区低了 4.08%、6.90%、18.50%。采煤沉陷裂缝土壤质量综合指数根据与裂缝的不同距离，分布具有明显的差异性，其排序为 C150>C120>C90>C60>C30，即距离裂缝越近，土壤质量越差，采煤沉陷裂缝对土壤质量的影响越大。采煤沉陷裂缝对其周围 90cm 范围内的土壤质量的影响较大，分别比对照区低了 31.14%、21.63%、11.08%；对距离裂缝 90cm 范围外的土壤质量影响不大，分别比对照区低了 1.25%、0.31%。采煤沉陷积水周围土壤质量综合指数根据与沉陷积水区的不同距离，分布的差异性比较明显，其排序为 W2>W10>W8>W6>W4>W0，即沉陷水陆交界处其土壤质量指数最小，W2 处的土壤质量指数最大。在采煤沉陷区微地形中，采煤沉陷积水对土壤质量的影响最大，其土壤质量分别比对照区低了 45.66%、15.57%、19.02%、18.60%、18.18%、16.82%。其原因在于，采煤沉陷会造成耕地土壤受到侵蚀，水土流失严重，沉陷上坡、中坡的土壤养分呈现侵蚀效应，受到侵蚀的土壤养分会在沉陷坡底汇集，土壤养分含量随着与沉陷积水区距离的增加呈现递减的趋势，土壤养分随着地表径流向沉陷坡底汇集；随着与沉陷积水区距离的增加，土壤质量指数呈现减小的趋势。采煤沉陷积水区对土壤质量的影响差异比较明显。

由图 5-2 可知，采煤沉陷地 20~40cm 土层土壤质量综合指数具有一定的差异性。采煤沉陷坡地的耕地土壤质量指数沿坡长分布差异比较明显，但上坡和下坡的耕地土壤质量指数差异不大，下坡、上坡、中坡

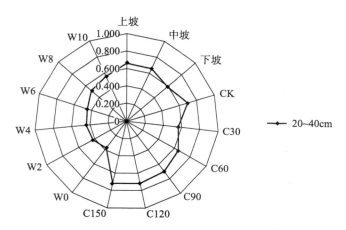

图 5-2 采煤沉陷地 20～40cm 土层土壤质量综合指数雷达

的耕地土壤质量指数差异比较明显，其排序为上坡土壤质量指数>中坡土壤质量指数>下坡土壤质量指数。随着坡长的增加，沉陷耕地土壤质量呈现下降的趋势，且与 0～20cm 土层土壤质量表现出相同的规律性。采煤沉陷对下坡土壤质量的影响较大，而对上坡和中坡的土壤质量影响较小，上坡、中坡、下坡的土壤质量指数分别比对照区低了 3.60%、4.20%、11.10%。采煤沉陷裂缝土壤质量综合指数与沉陷裂缝不同距离分布的差异性比较明显，C90、C120、C150 的土壤质量指数差异不显著，C30、C60 的土壤质量指数具有明显的差异性，其排序为 C150>C120>C90>C60>C30，即距离沉陷裂缝越近，土壤质量越差，采煤沉陷裂缝对土壤质量的影响越大。采煤沉陷裂缝对其周围 60cm 范围的土壤质量影响较大，分别低于对照区 14.20%、5.40%；对距离沉陷裂缝60cm 以外的土壤质量几乎没有影响。采煤沉陷积水区周围土壤质量指数与积水区不同距离分布的差异性比较明显，其排序为 W10>W8>W6>W4>W2>W0，即距离沉陷积水区越近，土壤质量越差，采煤沉陷积水区对土壤质量的影响越大，并且显著低于对照区。在采煤沉陷地

20~40cm土层，除沉陷坡地外，沉陷裂缝和积水区对土壤质量影响的规律性与0~20cm土层的规律性不同。在20~40cm土层，采煤沉陷区微地形对耕地土壤质量的影响具有一定的差异性。沉陷积水区对土壤质量的影响最大，其土壤质量指数分别比对照区低了33.50%、29.10%、27.10%、25.20%、18.60%、14.40%。采煤沉陷积水区的土壤质量指数明显低于0~20cm土层的土壤质量指数，这说明采煤沉陷积水区对20~40cm土层的土壤质量影响较大。

由图5-3可知，采煤沉陷地40~60cm土层土壤质量综合指数具有一定的差异性。采煤沉陷坡地土壤质量指数沿坡长分布有所差异，但与0~20cm土层和20~40cm土层相比，其差异不明显，其排序为上坡土壤质量综合指数>中坡土壤质量综合指数>下坡土壤质量综合指数。随着坡长的增加，土壤质量虽呈现下降的趋势，但其质量指数差异不大。采煤沉陷坡地对土壤质量的影响与0~20cm土层和20~40cm土层表现出相同的规律性，上坡、中坡、下坡的土壤质量指数分别比对照区低了2.27%、7.49%、13.24%。采煤沉陷裂缝土壤质量综合指数与沉陷裂缝不同距离分布的差异性有所不同，C90、C120、C150的土壤质量指数差异不显著，C30、C60的土壤质量指数具有明显的差异性，这与20~40cm土层的土壤质量表现出相同的规律性，其排序为C150>C120>C90>C60>C30，即距离沉陷裂缝越近，土壤质量越差，采煤沉陷裂缝对土壤质量的影响越大。采煤沉陷裂缝对其周围60cm范围的土壤质量影响较大，分别比对照区低了16.55%、9.41%；对距离沉陷裂缝60cm以外的土壤质量影响不大，分别比对照区低了3.14%、2.09%、0.87%。采煤沉陷积水区周围土壤质量指数沿距离积水不同距离分布的差异性比较明显，其排序为W10>W8>W6>W4>W2>W0，即距离沉陷积水区越近，土壤质量越差，采煤沉陷积水区对土壤质量的影响越大，并且显著低于对照区。采煤沉陷积水区对土壤质量的影响最大，其土壤质量指数分别比对照区低了 52.09%、47.56%、44.08%、40.42%、37.63%、30.66%。采煤沉陷积水区 40～60cm 土层土壤质量指数明显低于 20～40cm 土层的土壤质量指数，这说明采煤沉陷积水区对 40～60cm 土层的土壤质量影响最大。

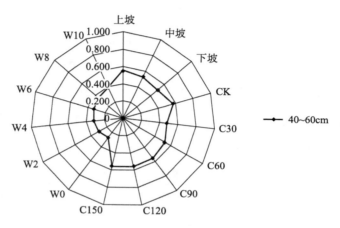

图 5-3　采煤沉陷地 40～60cm 土层土壤质量综合指数雷达

综上所述，采煤沉陷地土壤质量在不同土层、不同微地形存在的差异性。0～20cm 土层的耕地土壤质量要高于 20～40cm 土层的耕地土壤质量，20～40cm 土层的耕地土壤质量要高于 40～60cm 土层的耕地土壤质量。采煤沉陷坡地对土壤质量的影响在 3 个土壤层表现出相同的规律性；采煤沉陷裂缝对土壤质量的影响在 3 个土壤层具有不同的规律性，采煤沉陷裂缝对 0～20cm 土层土壤质量的影响存在于距离沉陷裂缝 90cm 范围，而其对 20～40cm 土层和 40～60cm 土层的影响存在于距离沉陷裂缝 60cm 范围；采煤沉陷积水区对 0～20cm 土层土壤质量的规律性不明显，其原因在于，其周围土壤受到采煤沉陷与积水的双重影响，而其对 20～40cm 土层和 40～60cm 土层的影响具有相同的规律性，都是随着与积水距离越近，土壤质量越差。

5.5.2　采煤沉陷区农作物根际土壤质量评价

根据表 5-17 可知，采煤沉陷地农作物根际土壤质量指数整体上均高于非根际土壤质量指标。采煤沉陷坡地农作物根际土壤质量指数自上坡至下坡呈现先上升后降低的趋势，其值分别为：0.957、0.966、0.921，其排序为中坡>上坡>下坡。采煤沉陷坡地农作物非根际土壤质量指数自上坡至下坡的值分别为：0.918、0.891、0.780，其排序为上坡>中坡>下坡。采煤沉陷坡地根际土壤质量指数的变化规律与非根际土壤质量指数的变化规律不同，采煤沉陷坡地非根际土壤质量的变化规律为自上坡至下坡呈现不断减小的趋势。

表 5-17　采煤沉陷地农作物根际与非根际土壤质量指数

不同微地形	根际土壤	非根际土壤（0-20cm）
上坡	0.957	0.918
中坡	0.966	0.891
下坡	0.921	0.780
C30	0.736	0.659
C60	0.851	0.750
C90	0.949	0.851
C120	0.978	0.945
C150	0.979	0.954
W6	0.885	0.779
W8	0.906	0.783
W10	0.932	0.796
CK	0.978	0.957

采煤沉陷裂缝对农作物根际土壤质量指数的影响与其对非根际土壤质量指数的影响相同，农作物根际土壤质量指数自 C30 至 C150 呈现不断上升的趋势，其值分别为 0.736、0.851、0.949、0.978、0.979，其

排序为 C150>C120>C90>C60>C30。农作物非根际土壤质量指数自 C30 至 C150 呈现不断上升的趋势，其值为 0.659、0.750、0.851、0.945、0.954，其排序为 C150>C120>C90>C60>C30。采煤沉陷裂缝对农作物根际土壤质量指数的影响均高于非根际土壤质量指数，即距裂缝越近，农作物根际土壤质量越低，而其高于非根际土壤质量。

采煤沉陷积水区对农作物根际土壤质量指数的影响与其对非根际土壤质量指数的影响具有相同的规律性。农作物根际土壤质量指数自 W6 至 W10 呈现上升的趋势，其值分别为 0.885、0.906、0.932，其排序为 W10>W8>W6。农作物非根际土壤质量指数自 W6 至 W10 呈现上升的趋势，其值分别为 0.779、0.783、0.796，其排序为 W10>W8>W6。采煤沉陷积水区对农作物根际土壤质量指数的影响均高于非根际土壤质量指数，即距沉陷积水区越近，农作物根际土壤质量越低，而其高于非根际土壤质量。

综上所述，采煤沉陷坡地农作物根际土壤质量指数自上坡至下坡呈现先上升后下降的趋势，与非根际土壤质量指数表现出不同的规律性，但其根际土壤质量指数均高于非根际土壤质量指数。采煤沉陷裂缝对农作物根际土壤质量指数的影响与其对非根际土壤质量的影响相同，即距裂缝越近，土壤质量指数越小。采煤沉陷积水区对农作物根际土壤质量指数的影响与其对非根际土壤质量的影响具有相同的变化规律，即距沉陷积水区越近，农作物根际土壤质量指数越小，而农作物根际土壤质量指数均高于非根际土壤质量指数。

5.6 采煤沉陷地土壤质量退化评价

为了进一步了解煤粮复合区土壤质量退化情况，本书将未受采煤沉陷影响的正常农田（CK）作为计算土壤质量的基准，确定土壤质量退化指数，从而定量地评价耕地土壤质量的退化情况。土壤退化指标的计算方程为

$$U = 1 - x/x_{CK} \qquad (5-18)$$

其中，U 为土壤质量退化指数；x 为土壤评价指标的实测值；x_{CK} 为与对照区相对应的土壤评价指标的实测值。

5.6.1 采煤沉陷地土壤质量退化评价

本书按照方程计算得到的结果见表 5-18。为了更加直观地反映采煤沉陷地土壤质量退化指数的情况，本书根据土壤质量退化结果作图，结果如图 5-4、图 5-5、图 5-6 所示。

表 5-18 采煤沉陷地土壤质量退化指数

不同微地形	不同土层土壤质量退化指数		
	0~20cm	20~40cm	40~60cm
上坡	0.181	0.107	0.046
中坡	0.239	0.206	0.188
下坡	0.467	0.352	0.323
C30	0.636	0.495	0.464
C60	0.453	0.290	0.261
C90	0.232	0.087	0.077
C120	0.027	0.038	0.030
C150	0.008	0.017	0.018
W0	0.899	0.926	0.941
W2	0.314	0.795	0.838
W4	0.381	0.736	0.766
W6	0.369	0.678	0.682
W8	0.362	0.513	0.629
W10	0.335	0.403	0.531

由图 5-4 可知，采煤沉陷坡地土壤质量退化指数具有一定的差异性。在 0~20cm 土层，采煤沉陷坡地土壤质量退化指数变化于 0.181~0.467，土壤退化指数的排序为下坡>中坡>上坡；在 20~40cm 土层，采煤沉陷坡地土壤质量退化指数变化于 0.107~0.352，土壤退化指数的排序为下坡>中坡>上坡；在 40~60cm 土层，采煤沉陷坡地土壤质量退化指数变化于 0.046~0.323，土壤退化指数的排序为下坡>中坡>上坡。在采煤沉陷坡地的同一位置，0~20cm 土层土壤的退化指数大于 20~40cm 土层土壤的退化指数，20~40cm 土层土壤的退化指数大于 40~60cm 土层土壤的退化指数，即采煤沉陷对表层土壤的侵蚀最大，其次是对 20~40cm 土层，侵蚀最小的是对 40~60cm 土层。

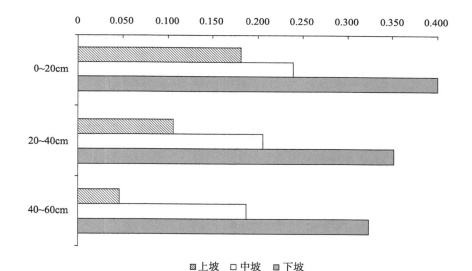

图 5-4　采煤沉陷坡地土壤质量退化指数

由图 5-5 可知，采煤沉陷裂缝区土壤质量退化指数存在一定的差异性。在 0~20cm 土层，采煤沉陷裂缝区土壤质量退化指数变化于 0.008~0.636，土壤退化指数的排序为 C30>C60>C90>C120>C150；

在 20~40cm 土层，采煤沉陷裂缝区土壤质量退化指数变化于 0.017~
0.495，土壤退化指数的排序为 C30>C60>C90>C120>C150；在 40~
60cm 土层，采煤沉陷裂缝区土壤质量退化指数变化于 0.018~0.464，
土壤退化指数的排序为 C30>C60>C90>C120>C150。采煤沉陷裂缝对
不同土壤层的影响程度不同，在沉陷裂缝的同一位置上，0~20cm 土
层土壤的退化指数大于20~40cm土层土壤的退化指数，20~40cm 土层
土壤的退化指数大于 40~60cm 土层土壤的退化指数，即采煤沉陷对
表层土壤的侵蚀最大，其次是对 20~40cm 土层，影响最小的是对
40~60cm土层。在 0~20cm 土层，距离沉陷裂缝90cm 范围，土壤退
化指数较大；超过90cm，土壤退化指数较小，其土壤质量与对照区
差别不大。在 20~40cm 土层和 40~60cm 土层，距离沉陷裂缝60cm
范围，土壤退化指数较大；超过 90cm，土壤退化指数较小，其土壤
质量与对照区差别不大。

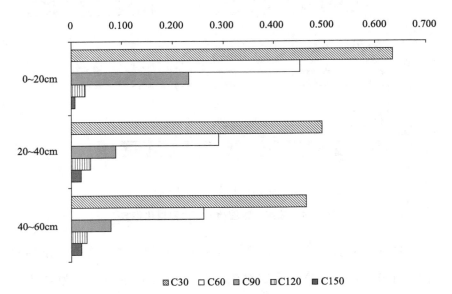

图 5-5　采煤沉陷裂缝区土壤质量退化指数

由图 5-6 可知，采煤沉陷积水区土壤质量退化指数存在一定的差异性。在 0~20cm 土层，采煤沉陷积水区土壤质量退化指数变化于 0.335~0.899，土壤退化指数的排序为 W0>W4>W6>W8>W10>W2，随着与沉陷积水区距离的增加，土壤退化指数在 2m 外，其值较小；在 20~40cm 土层，采煤沉陷积水区土壤质量退化指数变化于 0.403~0.926，土壤退化指数的排序为 W0>W2>W4>W6>W8>W10，即距离沉陷积水区越近，土壤的退化指数越大，土壤质量受采煤沉陷的影响越大；在 20~40cm 土层，采煤沉陷积水区土壤质量退化指数变化于 0.531~0.941，土壤退化指数排序为 W0>W2>W4>W6>W8>W10，与 20~40cm 土层表现出相同的规律性。采煤沉陷积水区对同一位置、不同土层的土壤质量退化指数的影响也是不同的，即随着土层深度的增加，土壤退化指数随之变大，土壤质量变差，其受到的采煤沉陷影响越大。

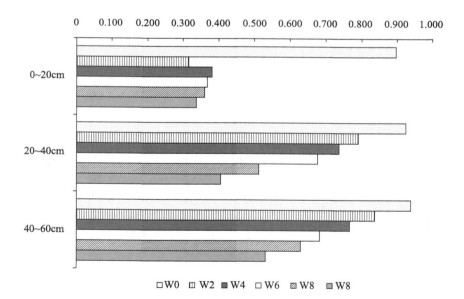

图 5-6 采煤沉陷积水区土壤质量退化指数

5.6.2　采煤沉陷地农作物根际土壤质量退化评价

根据表 5.19 可知，采煤沉陷坡地农作物根际土壤质量退化指数变化于 0.000~0.498，农作物非根际土壤质量退化指数变化于 0.008~0.636。采煤沉陷坡地农作物根际土壤退化指数自上坡至下坡呈现先下降后上升的趋势，分别为 0.046、0.035、0.125，其排序为下坡>上坡>中坡，采煤沉陷坡地农作物非根际土壤退化指数自上坡至下坡呈现上升的趋势，分别为 0.181、0.239、0.467，其排序为下坡>中坡>上坡，采煤沉陷坡地农作物根际土壤与非根际土壤表现出不同的规律性，且农作物根际土壤质量退化指数小于非根际土壤质量退化指数，这表明采煤沉陷坡地农作物根际土壤质量的退化程度低于非根际土壤质量的退化程度，农作物对采煤沉陷坡地损伤的土壤具有一定的修复作用。

表 5-19　采煤沉陷地农作物根际与非根际土壤质量退化指数

不同微地形	根际土壤	非根际土壤（0-20cm）
上坡	0.046	0.181
中坡	0.035	0.239
下坡	0.125	0.467
C30	0.498	0.636
C60	0.264	0.453
C90	0.062	0.232
C120	0.000	0.027
C150	0.000	0.008
W6	0.194	0.369
W8	0.157	0.362
W10	0.102	0.335

采煤沉陷裂缝对农作物根际土壤质量退化指数的影响表现为自 C30 至 C150 不断下降，其值分别为 0.498、0.264、0.062、0.000、0.000，

其排序为 C30>C60>C90>C150、C120。采煤沉陷裂缝对农作物非根际土壤质量退化指数的影响表现为自 C30 至 C150 不断下降，其值分别为0.636、0.453、0.232、0.027、0.008，其排序为 C30>C60>C90>C150>C120。采煤沉陷裂缝对农作物根际土壤的影响与非根际土壤表现出相同的规律性，且农作物根际土壤质量退化指数低于非根际土壤质量退化指数，这表明农作物根际土壤质量的退化程度低于非根际土壤质量的退化程度，农作物对采煤沉陷裂缝损伤的土壤具有一定的修复作用。

采煤沉陷积水区对农作物根际土壤质量指数的影响表现为自 W6 至 W10 不断下降，其值分别为0.194、0.157、0.102，其排序为 W6>W8>W10。采煤沉陷积水区对农作物非根际土壤质量指数的影响表现为自 W6 至 W10 不断下降，其值分别为0.369、0.362、0.335，其排序为 W6>W8>W10，采煤沉陷积水区对农作物根际土壤质量指数的影响与非根际土壤表现出同样的规律性，且农作物根际土壤质量的退化指数低于非根际土壤质量退化指数，这表明采煤沉陷根际土壤质量的退化程度低于非根际土壤质量的退化程度，农作物减少了采煤沉陷的退化作用，在一定程度上提高了土壤质量。

综上所述，采煤沉陷不同微地形对根际土壤质量的影响具有一定的差异性，采煤沉陷降低了农作物根际与非根际土壤质量，而种植农作物在一定程度上减弱了采煤沉陷对土壤的退化作用，并对采煤沉陷损毁的土地具有一定的修复作用。

5.7 讨论

土壤质量综合评价是耕地土壤资源进行改造和利用的重要前提。在采煤沉陷地土壤质量评价方面，尚没有统一的评价标准和固定的评价方法。本书运用主成分分析法和模糊数学理论，对采煤沉陷地土壤质量进行评价。姚国征等[148]选择补连塔矿区中的2个沉陷区作为研究对象，应用典型判别分析、因子分析对其采煤沉陷地土壤质量进行了分析，认为沉陷2~3年后，沉陷风沙区不同坡位的土壤含水率、土壤硬度、土壤全氮和土壤全磷含量普遍低于对照区相对应坡位的土壤质量，整体上，采煤沉陷区土壤速效养分有变好的趋势；运用典型判别分析得到采煤沉陷区土壤质量扰动判别函数，将采煤沉陷区土壤质量划分为严重影响、有影响和无影响3个等级，良好地区分了对照区和2个采煤沉陷区的土壤养分的扰动。藏荫桐等[149]运用主成分分析法对补连塔矿区采煤沉陷区的样地进行了分析，得到前两个主成分的散点图，用来反映采煤沉陷后，风沙土壤物理性质和土壤化学性质的综合变异性，认为采煤沉陷对沉陷区风沙土壤有不同程度的影响，采煤沉陷对土壤含水量的影响最大，其次是对土壤容重、土壤孔隙度等，而对土壤的全氮和土壤全磷含量的影响相对较小，对土壤有机质和土壤全钾含量无明显影响，对采煤沉陷后土壤质量的评价进行了有益探索。王新静等[150]选择补连塔矿区作为研究对象，运用灰色关联投影法、层次分析法和主成分分析法确定评价指标体系各个指标的权重，建立风沙区采煤沉陷地土壤质量变化的评价模型，认为采煤沉陷对沉陷1年期的土壤扰动最大，沉陷1年后土壤的整体质量虽有变好的趋势但差别不大；采煤沉陷对土壤物理性质的扰动呈现"未扰动>沉陷3年>沉陷2年>沉陷1年"的趋势，采煤沉陷对土壤化学性质的扰动为"未扰动>沉陷1年>沉陷2年"。采煤沉陷对土壤化学性质负面影响的周期要长于土壤的物理性质的影响；其对该区域的采煤沉陷地不同塌陷年限土壤质量的动态变化过程进行了评价。以上事例说明，主成分分析法适用于采煤沉陷地土壤质量的评价，具有可操作性和实用价值。

5.8 本章小结

本章在总结以往研究成果的基础上，结合九里山矿煤粮复合区采煤沉陷地的实际情况，选取了 10 个因子作为采煤沉陷地土壤质量评价的指标，并建立采煤沉陷地土壤质量评价指标体系；选取主成分分析法确定了采煤沉陷耕地土壤质量评价指标的权重，并运用模糊数学的有关理论计算了采煤沉陷地土壤质量评价指标的隶属度，运用模糊数学和评价法对采煤沉陷地土壤质量进行了评价，为推进煤粮复合区土地复垦工作和提高采煤沉陷地土壤质量提供了理论依据。

（1）从 0~20cm 土层土壤质量评价结果来看，采煤沉陷区不同微地形对土壤质量指数的影响各不相同。采煤沉陷对下坡的土壤质量影响较大，而对上坡和中坡的土壤质量影响较小，上坡、中坡、下坡分别比对照区低了 4.08%、6.90%、18.50%，其退化指数分别为 0.181、0.239、0.467。采煤沉陷裂缝对其周围 90cm 范围的土壤质量影响较大，分别比对照区低了 31.14%、21.63%、11.08%，其退化指数分别为 0.636、0.453、0.232；对距离裂缝 90cm 范围外的土壤质量影响不大，分别比对照区低了 1.25%、0.31%，其退化指数分别为 0.027、0.008。在采煤沉陷区微地形中，采煤沉陷积水区对土壤质量的影响最大，其土壤质量分别比对照区低了 45.66%、15.57%、19.02%、18.60%、18.18%、16.82%，其退化指数分别为 0.899、0.314、0.381、0.369、0.362、0.335。其原因在于，采煤沉陷裂缝的缝隙较大，加剧了其周围土壤水肥特性的流失，造成了裂缝 90cm 范围土壤质量的大幅度降低。而采煤沉陷积水区周围的土壤受到开采沉陷和积水的双重影响，土壤含水率显著增加，导致土壤质量严重下降。

（2）在20~40cm土层，采煤沉陷区微地形对土壤质量的影响有较大的差异性。采煤沉陷对下坡土壤质量的影响较大，而对上坡和中坡的土壤质量影响较小，上坡、中坡、下坡的土壤质量指数分别比对照区低了3.60%、4.20%、11.10%，其退化指数分别为0.107、0.206、0.352。采煤沉陷裂缝对距离其60cm范围的耕地土壤质量具有显著影响，分别比对照区低了14.20%、5.40%，其退化指数分别为0.495、0.290；对距离沉陷裂缝60cm范围外的土壤质量几乎没有影响，其退化指数分别为0.087、0.038、0.170。沉陷积水区对土壤质量的影响最大，其土壤质量指数分别比对照区低了33.50%、29.10%、27.10%、25.20%、18.60%、14.40%，其退化指数分别为0.926、0.795、0.736、0.678、0.513、0.403。采煤沉陷积水区土壤的土壤质量指数明显低于0~20cm土层的土壤质量指数，而其退化指数也明显大于0~20cm土层的土壤退化指数，这说明采煤沉陷积水区对20~40cm土层的土壤质量影响较大。

（3）在40~60cm土层，采煤沉陷区微地形对土壤质量的影响有所不同。采煤沉陷坡地对土壤质量的影响与其对0~20cm土层和20~40cm土层表现出相同的规律性，上坡、中坡、下坡的土壤质量指数分别比对照区低了2.27%、7.49%、13.24%，其退化指数分别为0.046、0.188、0.323。采煤沉陷裂缝对其周围60cm范围的土壤质量影响较大，分别比对照区低了16.55%、9.41%，其退化指数分别为0.464、0.261；其对距离沉陷裂缝60cm范围以外的土壤质量影响不大，分别比对照区低了3.14%、2.09%、0.87%，其退化指数分别为0.077、0.030、0.018。采煤沉陷积水区对土壤质量的影响最大，其土壤质量指数分别比对照区低了 52.09%、47.56%、44.08%、40.42%、37.63%、30.66%，其退化指数分别为 0.941、0.838、0.766、0.682、0.629、0.531。采煤沉陷积水区 40~60cm 土层的土壤质量指数明显低于 20~40cm 土层的土壤质量指数，其退化指数也明显大于 20~40cm 土层的土壤退化指数，这说明采煤沉陷积水区对 40~60cm 土层的土壤质量影响最大。

（4）采煤沉陷坡地农作物根际土壤质量指数自上坡至下坡呈现先上升后下降的趋势，与非根际土壤质量指数表现不同出的规律性，但其根际土壤质量指数均高于非根际土壤质量指数。采煤沉陷裂缝对农作物根际土壤质量指数的影响与其对非根际土壤质量的影响相同；距裂缝越近，土壤质量指数越小。采煤沉陷积水区对农作物根际土壤质量指数的影响与其对非根际土壤质量的影响具有相同的变化规律，即距沉陷积水区越近，农作物根际土壤质量指数越小，且农作物根际土壤质量指数均高于非根际土壤质量指数。采煤沉陷不同微地形对根际土壤质量的影响具有一定的差异性，采煤沉陷降低了农作物根际与非根际土壤质量，而种植农作物在一定程度上减弱了采煤沉陷对土壤的退化作用，对采煤沉陷损毁的土地具有一定的修复作用。

第 **6** 章

采煤沉陷地土壤质量对农作物
产量的影响

煤粮复合区是我国重要的能源、粮食生产基地。煤炭开采形成的沉陷坡地、沉陷裂缝、沉陷积水区会不同程度地破坏水土资源。采煤沉陷会造成耕地面积减少，损毁耕地并降低土壤质量，进而造成耕地土壤生产力下降。农作物产量是评价耕地生产力的重要指标之一。有关采煤沉陷地土壤质量与农作物产量之间的定量研究主要集中在采煤沉陷坡地、沉陷裂缝方面，但有关沉陷积水区对耕地生产力的影响并不多见，更没有将这三种采煤沉陷的主要破坏特征进行综合分析的研究。据此，本章以煤粮复合区采煤沉陷地为例，应用区位产量对比法和纵向不同部位产量法，对采煤沉陷对玉米产量的影响进行定量分析，并探讨采煤沉陷区不同微地形与玉米产量的关系，以期为煤粮复合区土地复垦、耕地报损和赔偿，以及采煤沉陷地农业的可持续发展提供一些理论参考。

6.1 数据来源

本书选取的研究区为九里山矿区采煤沉陷地，测产样地玉米品种均为"郑单 958"。采煤沉陷坡地、沉陷裂缝、沉陷积水区玉米的管护均相同。2015 年 9 月，研究团队对采煤沉陷地不同微地形的玉米产量进

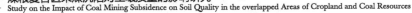
行验收测产。

本章使用土壤质量综合指数表征采煤沉陷地的土壤质量，资料来自本书第五章的计算数据。

6.2　农作物产量的空间分布特征

九里山矿区采煤沉陷地玉米产量变化区间为 2981.32 ~ 9400.05kg/hm^2。研究团队对采煤沉陷地玉米产量进行统计分析，其结果见表 6-1。

表 6-1　采煤沉陷地玉米产量的统计分析结果

项目	沉陷坡地	沉陷裂缝	沉陷积水区	沉陷地
最小值（kg/hm^2）	5132.21	3058.98	2971.32	2971.32
最大值（kg/hm^2）	8569.35	9164.35	5909.26	9146.35
均值（kg/hm^2）	7177.53	6494.59	4366.35	6100.42
标准差（kg/hm^2）	1238.86	2036.82	913.19	1916.48
变异系数（%）	17.26	31.36	20.91	31.42

由表 6-1 可知，采煤沉陷地不同微地形玉米产量之间具有明显的差异采煤沉陷对玉米产量的影响各不相同。采煤沉陷坡地的玉米产量为 7177.53（±1238.86）kg/hm^2，沉陷裂缝区的玉米产量为 6494.59（±2036.82）kg/hm^2，沉陷积水区的玉米产量为 4366.35（±913.19）kg/hm^2，采煤沉陷地的玉米产量为 6100.42（±1916.48）kg/hm^2。沉陷区玉米产量的变异系数分别为：17.26%、31.36%、20.91%、31.42%，均为中等变异，这表明采煤沉陷对玉米产量影响的大小排序为沉陷裂缝>沉陷积水区>沉陷坡地。

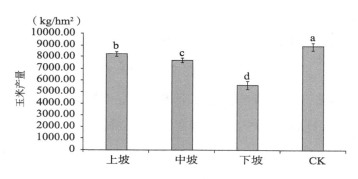

（a）采煤沉陷坡不同坡位

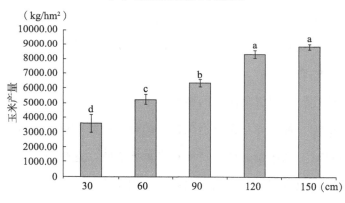

（b）与裂缝的距离

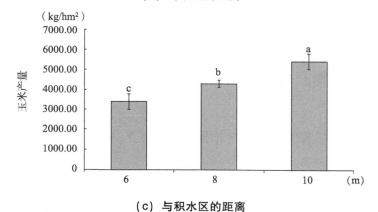

（c）与积水区的距离

图6-1 采煤沉陷地玉米产量的空间分布特征

（注：不同小写字母表示处理间0.05水平差异显著）

从图 6-1 中可知，采煤沉陷坡地玉米产量沿坡长分布的差异比较明显，其排序为上坡>中坡>下坡，下坡的玉米产量最低，并且均显著低于对照区，分别比对照下降了 7.70%、13.91%、37.83%。采煤沉陷裂缝对玉米产量的影响具有显著差异，显著减少了距离其 30cm、60cm、90cm 处的玉米产量，分别比对照区降低了 59.84%、41.22%、29.05%，而对其 90cm 范围以外玉米产量的影响不显著，分别比对照区降低了 6.61%、0.50%。采煤沉陷积水区对玉米产量的影响极其显著，对 0~4m 范围玉米的减产率为 100%，对距离其 6m、8m、10m 处的玉米产量也产生显著影响，分别比对照区降低了 62.06%、52.09%、39.51%。

综上所述，采煤沉陷区不同微地形玉米产量的分布趋势与土壤质量的分布特征相一致，而与土壤退化指数的分布特征相反，这表明采煤沉陷土壤质量对玉米产量的分布特征具有重要影响。这也进一步说明，煤炭开采造成的地表损害特征会导致耕地土壤质量的下降，进而造成农作物产量的下降。

6.3　农作物产量与土壤质量的关系分析

6.3.1　农作物产量与非根际土壤质量的关系分析

土壤质量的核心是土壤生产力，耕地农作物产量的高低决定了耕地土壤生产力的大小。因此，土壤质量与农作物产量之间具有一定的相关关系。本书研究煤粮复合区采煤沉陷地玉米产量与土壤质量指数之间的相关关系，发现采煤沉陷地农作物产量与耕地土壤质量之间表现出极显著的正相关关系，它们的相关系数为 0.90；玉米产量与采煤沉陷坡地、沉陷裂缝、沉陷积水区土壤质量均呈现显著的正相关关系，相关系数分别为 0.96、0.92、0.80。农作物产量与采煤沉陷地（坡地、裂缝、积水区）土壤质量评价结果之间存在显著的正相关关系，验证了采煤沉陷地土壤质量评价指标和构建的采煤沉陷地土壤质量评价指标体系是符合煤粮复合区的具体情况的，具有可操作性和实用性。回归分析结果显示：随着采煤沉陷地土壤质量指数的降低，耕地农作物产量不断减少，这表明采煤沉陷显著改变了土壤质量，进而影响耕地土壤的生产力，最终降低了耕地农作物的产量。其原因在于，耕地土壤质量越高，土壤养分、土壤酶活性和土壤微生物量等指标越高，耕地的土壤结构就越好，进而加快玉米的生长进程，最终增加玉米的产量；反之会限制玉米的生长进程，进而减少玉米的产量。部分研究学者的研究也得出类似的结论：战秀梅等研究土壤肥力与耕地玉米产量间呈现极显著的正相关关系，李军等研究土壤脲酶、土壤转化酶、土壤磷酸酶活性与耕地玉米产量间表现出显著的相关性。

由图 6-2 可知，土壤质量指数越低，玉米产量越少。采煤沉陷显著减少了耕地的农作物产量。煤炭开采造成的沉陷地增加了土壤的容重，使得表层土壤受到严重的侵蚀，导致土壤结构变差，土壤的通气性和保水性、保肥性能降低，进而引起土壤养分含量、酶活性和微生物活性明显降低，限制了农作物的正常生长和发育，最终导致耕地的农作物减产。在采煤沉陷区还有大面积沉陷地未进行复垦而在继续耕种，所以相关部门应当采取有效的措施，改善农作物的生产条件，使受损的采煤沉陷地得到更好的利用。

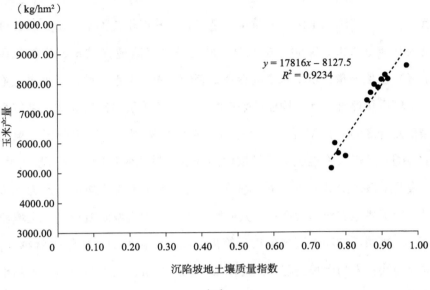

（a）

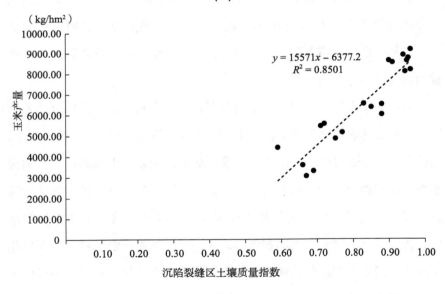

（b）

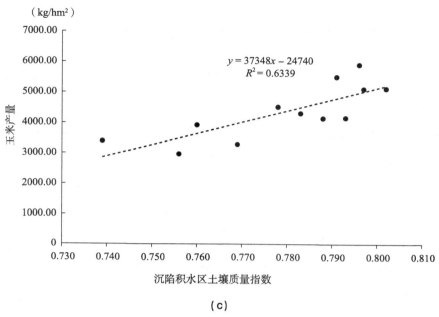

（c）

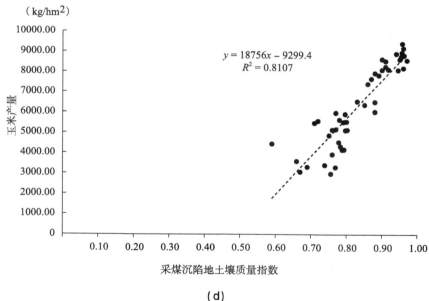

（d）

图 6-2　玉米产量与土壤质量指数之间的回归分析

6.3.2 农作物产量与农作物根际土壤质量的关系分析

由图 6.3 可知，煤粮复合区采煤沉陷地玉米产量与其根际土壤质量指数之间表现出了极显著的正相关关系，玉米产量与采煤沉陷坡地、沉陷裂缝、沉陷积水区影响的玉米根际土壤质量均呈现显著的正相关关系，相关系数 R^2 分别为 0.8058、0.8750、0.6812。采煤沉陷坡地、裂缝、积水区影响的玉米根际土壤质量与玉米产量间的关系分别大于非根际土壤质量与玉米产量的相关关系，这表明农作物根际土壤质量与农作物产量之间具有更好的相关关系。农作物产量与采煤沉陷地（坡地、裂缝、积水区）、农作物根际土壤质量评价结果之间存在显著的正相关关系，更进一步地验证了本书的采煤沉陷地土壤质量评价指标和构建的采煤沉陷地土壤质量评价指标体系是符合煤粮复合区的具体情况的，具有可操作性和实用性。

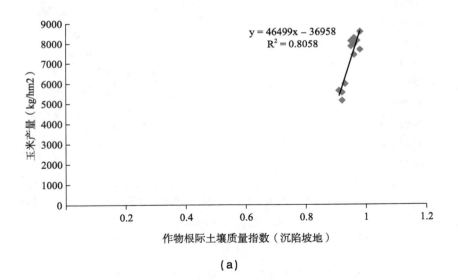

(a)

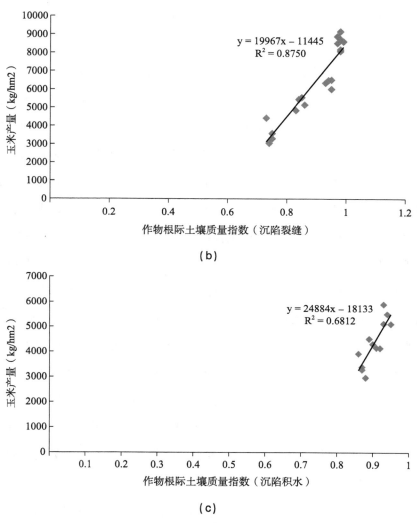

图 6.3 产量与其根际土壤质量指数之间的回归分析

6.4 本章小结

本章对煤粮复合区采煤沉陷地玉米产量的空间分布特征、玉米产量与土壤质量的关系、玉米产量与其根际土壤质量的关系进行了分析。主要结论如下。

（1）采煤沉陷对玉米产量具有显著的影响。采煤沉陷区不同微地形对玉米产量的影响具有显著的差异性，其对玉米产量影响的变异系数分别为17.26%、31.36%、20.91%，均为中等变异，这表明采煤沉陷对玉米产量具有不同程度的影响。采煤沉陷不同微地形对玉米产量影响的大小排序为沉陷裂缝>沉陷积水区>沉陷坡地。玉米产量在不同微地形的分布特征表现也不同，采煤沉陷坡地玉米产量沿坡长分布差异比较明显，其排序为上坡>中坡>下坡，采煤沉陷裂缝对玉米产量的影响具有显著差异，显著减少了距离其30cm、60cm、90cm处的玉米产量，而对90cm范围以外玉米产量的影响不显著。采煤沉陷积水区对玉米产量的影响极为显著，对0~4m范围内玉米的减产率为100%，而对距离其6m、8m、10m处的玉米产量也产生显著影响。因此，采煤沉陷不同微地形玉米产量的分布趋势与土壤质量的分布特征相一致，与土壤退化指数的分布特征相反。

（2）本章定量分析了煤粮复合区采煤沉陷地玉米产量与土壤质量之间的相关关系、玉米产量与其根际土壤质量之间的相关关系，检验了土壤质量评价结果是否符合研究区实际。采煤沉陷（坡地、裂缝、积水区）显著影响了耕地玉米的产量，其产量显著低于对照区，这说明采煤沉陷造成的耕地土壤损害降低了玉米的产量。相关分析表明，玉米产量与采煤沉陷坡地、采煤沉陷裂缝、采煤沉陷积水区土壤质量均表现出显著正相关关系，而玉米产量与其根际土壤质量之间表现出更为显著的正相关关系。玉米产量与采煤沉陷地土壤质量指数的高度相关性，以及玉米产量与其根际土壤质量指数高度的相关性，证明了本研究采用的评价指标体系和评价方法具有可行性和实用价值。

第 **7** 章

采煤沉陷地复垦农田土壤质量
演变特征

煤矿区土地复垦是利用工程技术手段对采煤沉陷区的土地进行挖、铲、垫、平等处理，通过重构沉陷区土壤，从而恢复土地的使用功能。在土地复垦过程中，工程机械对土壤的碾压和扰动，必将引起土壤理化性状发生变化，从而引起土壤质量的变化[161~166]。因此，复垦后土壤的理化性质恢复状况直接影响土壤的质量。因此，本章以焦作矿区为研究区域，在研究区分别选取不同复垦年限的（1a、3a、5a、8a、10a）煤矸石充填复垦地作为研究样地。取样时间为 2020 年 10 月，本书采取对角线 5 点取样法，取样范围为 1m²，分别在 0~20cm、20~40cm、40~60cm 三个土层分别采集土壤样品，并将同一土层 5 个取样点的土壤样品混匀，并以相同耕作方式的正常农田为对照（CK），分析其含水率、酸碱性、养分和酶活性的特征及其空间分布状况，获取研究区复垦土壤的肥力评价结果，解释土壤肥力质量变化过程，为推进矿区土地复垦工作，以及提高复垦土壤肥力提供理论参考。

7.1 复垦农田土壤含水率、pH 值的演变特征

7.1.1 复垦农田土壤含水率的演变特征

土壤含水率作为表征土壤中水分数量的指标，是研究复垦土壤水分

时空变化特征的基础。土壤水分是农作物生长发育所需水分的主要供给源，是衡量土壤质量的重要指标，其影响着土壤养分的溶解和转运，从而决定了土壤养分的空间分布特征[167-171]。因此，土壤含水率作为衡量复垦土壤质量的重要指标，对于研究复垦土壤含水率具有重要的意义。本书的复垦土壤含水率的演变特征见表7-1和如图7-1所示。

表7-1　复垦土壤含水率统计结果

土层深度（cm）	复垦年限（a）	含水率		
		平均值	标准差	CV（100%）
0~20	1	9.96	1.25	12.53
	3	13.62	1.48	10.83
	5	18.24	1.06	5.84
	8	17.58	1.31	7.43
	10	16.36	1.06	6.50
	CK	21.34	1.12	5.23
20~40	1	10.02	2.08	18.35
	3	13.84	1.09	7.08
	5	17.35	1.17	5.72
	8	18.39	1.20	6.09
	10	18.13	1.03	4.44
	CK	22.97	1.82	7.91
40~60	1	11.25	1.67	14.85
	3	14.90	1.02	6.84
	5	20.93	1.01	4.84
	8	18.58	1.36	7.33
	10	22.12	1.53	6.92
	CK	22.24	1.71	7.68

注：CK 为对照区农田土壤。

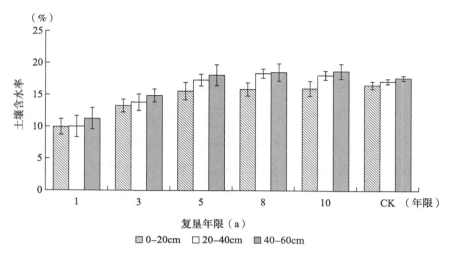

图 7-1 不同土层复垦土壤含水率演变特征

1.0-20cm 土层土壤含水率演变特征

复垦土壤 0~20cm 土层的土壤含水率变化趋势如图 7-1 所示。根据表 7-1 可知，0~20cm 土层土壤含水率在复垦 1a、3a、5a、8a、10a 依次为 9.96%、13.62%、18.24%、17.58%、16.36%，复垦土壤含水率变化范围在 9.96%~16.36%，总体上复垦土壤含水率随着复垦时间的增加呈现不断增加的趋势。与复垦初期土壤含水率的 9.96% 相比，复垦 3a 土壤含水率增加了 33.41%，复垦 5a 土壤含水率增加了 56.78%，复垦 8a 土壤含水率增加了 59.66%，复垦 10a 土壤含水率增加了 61.20%。与对照区农田土壤含水率的 16.60% 相比，复垦 1a 土壤含水率低了 40.02%，复垦 3a 土壤含水率低了 19.98%，复垦 5a 土壤含水率低了 5.96%，复垦 8a 土壤含水率减少了 4.24%，复垦 10a 土壤含水率减少了 3.31%。从复垦土壤含水率的变异系数可以看出，复垦农田土壤含水率变异系数在 7.33%~12.53% 变化，复垦初期变异系数较大，复垦后期逐渐稳定，但均高于对照区农田土壤的变异系数。

2. 20~40cm 土层土壤含水率演变特征

复垦土壤 20~40cm 土层土壤含水率变化趋势如图7-1 所示。根据表7-1可知，复垦土壤含水率由复垦初期的 10.02% 依次变化为 13.84%、17.35%、18.39%、18.13%，复垦土壤含水率的变化范围为 10.02%~18.39%，总体上复垦土壤含水率呈现波浪式变化的特征。与复垦初期土壤含水率的 10.02% 相比，复垦 3a 土壤含水率增加了 38.04%、复垦 5a 土壤含水率增加了 73.13%，复垦 8a 土壤含水率增加了 83.47%，复垦 10a 土壤含水率增加了 80.84%。与对照区农田土壤含水率的 17.18% 相比，复垦 1a 土壤含水率低了 41.66%，复垦 3a 土壤含水率低了 19.46%，复垦 5a 土壤含水率高了 1.01%，复垦 8a 土壤含水率高了 7.04%，复垦 10a 土壤含水率高了 5.51%。从复垦土壤含水率的变异系数可以看出，复垦农田土壤含水率变异系数在 3.82%~16.61% 变化，复垦初期的变异系数高于对照区农田土壤变异系数，复垦后期的变异系数与对照区农田土壤的变异系数差别不大。

3. 40~60cm 土层土壤含水率演变特征

复垦土壤 40~60cm 土层土壤含水率变化趋势如图7-1 所示。根据表7-1可知，40~60cm 土层土壤含水率在复垦 1a、3a、5a、8a、10a 依次为 11.25%、14.90%、18.12%、18.58%、18.75%，复垦土壤含水率变化范围在 11.25%~18.75%，总体上复垦土壤含水率随着复垦时间的增加呈现不断增加的趋势。与复垦初期土壤含水率的 11.25% 相比，复垦 3a 土壤含水率增加了 32.44%，复垦 5a 土壤含水率增加了 61.10%，复垦 8a 土壤含水率增加了 65.16%，复垦 10a 土壤含水率增加了 66.67%。与对照区农田土壤含水率的 17.72 相比，复垦 1a 土壤含水率低了 36.51%，复垦 3a 土壤含水率低了 15.91%，复垦 5a 土壤含水率高了 2.28%，复垦 8a 土壤含水率高了 4.85%，复垦 10a 土壤含水率高了 5.81%。从复垦土壤含水率的变异系数可以看出，复垦农田土壤含水率变异系数的变化范围为 6.24%～14.85%，复垦初期的变异系数高于对照区农田土壤变异系数，复垦后期的变异系数与对照区农田土壤的变异系数差别不大。

4. 复垦土壤含水率演变特征的原因分析

复垦土壤含水率随着土层深度的增加呈现不断增加的趋势，其原因可能在于，复垦土壤表层的孔隙度较高，较高的孔隙度能够增加土壤水分的渗透。另外，复垦土壤含水率的变化可能与灌溉方式及当地气候环境有关。

综上所述，复垦土壤含水率演变具有一定的规律性。总体上，复垦土壤含水率随着土层深度的增加呈现增加的趋势。不同土层土壤含水率的演变特征具有一定的相似性，均呈现波浪式变化的特征。

7.1.2 复垦农田土壤 pH 值的演变特征

土壤 pH 值作为衡量土壤质量的最重要指标，其大小直接影响和制约着复垦土壤的物理、化学和生物特性，对土壤肥力有效性、重金属的毒性、土壤微生物的活性和有机质分解等起着重要作用，对农作物的正常生长产生重要的影响[171-172]。复垦土壤作为重构土壤，其土壤层次在复垦过程中发生较大的变化，其 pH 值也会随之发生变化。因此，研究复垦土壤 pH 值的演变特征对于了解复垦土壤质量，以及进行土壤质量评价均具有重要意义。本书的复垦土壤 pH 值的统计结果见表 7-2；复垦土壤 pH 值的演变特征如图 7-2 所示。

表 7-2　复垦土壤 pH 值统计结果

土层深度（cm）	复垦年限（a）	pH 值		
		平均值	标准差	CV（100%）
0~20	1	8.33	0.28	3.39
	3	8.26	0.20	2.42
	5	8.13	0.19	2.38
	8	8.01	0.16	1.96
	10	7.88	0.15	1.87
	CK	7.73	0.09	1.10
20~40	1	8.37	0.27	3.17
	3	8.31	0.19	2.25
	5	8.24	0.19	2.25
	8	8.03	0.12	1.43
	10	8.07	0.15	1.80
	CK	7.69	0.08	1.04
40~60	1	8.28	0.17	2.00
	3	8.22	0.14	1.72
	5	8.19	0.13	1.64
	8	8.23	0.11	1.29
	10	8.03	0.12	1.49
	CK	7.63	0.09	1.14

注：CK 为对照区农田土壤。

1. 0~20cm 土层土壤 pH 值演变特征

复垦土壤 0~20cm 土层土壤 pH 值变化趋势图如图 7-2 所示。根据表 7-2 可知，0~20cm 土层土壤 pH 值在复垦 1a、3a、5a、8a、10a 依次为：8.33、8.26、8.13、8.01、7.88，复垦土壤 pH 值变化范围在 7.88~8.13，总体上，复垦土壤 pH 值随着复垦时间的增加呈现不断下降趋势。与复垦初期土壤 pH 值的 8.33 相比，复垦 3a 土壤 pH 值降低了 0.84%，复垦 5a 土壤 pH 值降低了 2.40%，复垦 8a 土壤 pH 值降低了 3.80%，复垦 10a 土壤 pH 值降低了 5.36%。与对照区农田土壤 pH 值的 7.73 相比，复垦 1a 土壤 pH 值高了 7.24%，复垦 3a 土壤 pH 值高了 6.36%，复垦 5a 土壤 pH 值高了 4.80%，复垦 8a 土壤 pH 值高了 3.40%，复垦 10a 土壤 pH 值高了 1.84%。从复垦土壤 pH 值的变异系数可以看出，复垦农田土壤 pH 值变异系数在 1.87%～3.39%变化，变异系数较小，其随着复垦时间的增加呈现逐渐变小的趋势，但均高于对照区农田土壤的变异系数，这表明 0～20cm 土层复垦土壤 pH 值整体上变异较小。

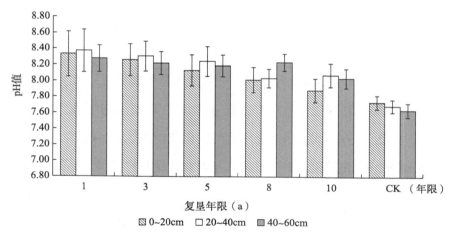

图 7-2 不同土层复垦土壤 pH 值演变特征

2. 20～40cm 土层土壤 pH 值演变特征

复垦土壤 20～40cm 土层土壤 pH 值变化趋势如图 7-2 所示。根据表 7-2 可知，复垦土壤 pH 值由复垦初期的 8.37 依次变化为 8.31、8.24、8.03、8.07，复垦土壤 pH 值的变化范围为 8.03～8.37，总体上复垦土壤 pH 值随着复垦时间的增加呈现波动变化的趋势。与复垦初期土壤 pH 值的 8.37 相比，复垦 3a 土壤 pH 值降低了 0.76%，复垦 5a 土壤 pH 值降低了 1.51%，复垦 8a 土壤 pH 值降低了 4.02%，复垦 10a 土壤 pH 值降低了 3.54%。与对照区农田土壤 pH 值的 7.69 相比，复垦 1a 土壤 pH 值高了 8.89%，复垦 3a 土壤 pH 值高了 8.02%，复垦 5a 土壤 pH 值高了 7.20%，复垦 8a 土壤 pH 值高了 4.46%，复垦 10a 土壤 pH 值高了 4.98%。从复垦土壤 pH 值的变异系数可以看出，复垦农田土壤 pH 值变异系数在 1.43%~3.17%变化，变异系数较小，其随着复垦时间的增加呈现逐渐变小的趋势，但均高于对照区农田土壤的变异系数，这表明 20~40cm 土层复垦土壤 pH 值整体上变异较小。

3. 40~60cm 土层土壤 pH 值演变特征

复垦土壤 40~60cm 土层土壤 pH 值变化趋势如图 7-2 所示。根据表 7-2 可知，复垦土壤 pH 值由复垦初期的 8.28 依次变化为 8.22、8.19、8.23、8.03，复垦土壤 pH 值的变化范围为 8.03~8.28，总体上复垦土壤 pH 值随着复垦时间的增加呈现波动变化的趋势。与复垦初期土壤 pH 值的 8.28 相比，复垦 3a 土壤 pH 值降低了 0.72%，复垦 5a 土壤 pH 值降低了 1.13%，复垦 8a 土壤 pH 值降低了 0.60%，复垦 10a 土壤 pH 值降低了 2.98%。与对照区农田土壤 pH 值的 7.63 相比，复垦 1a 土壤 pH 值高了 8.48%，复垦 3a 土壤 pH 值高了 7.73%，复垦 5a 土壤 pH 值高了 7.30%，复垦 8a 土壤 pH 值高了 7.86%，复垦 10a 土壤 pH 值高了 5.29%。从复垦土壤 pH 值的变异系数可以看出，复垦农田土壤 pH 值变异系数在 1.29%~2.00%变化，变异系数较小，其随着复垦时间的增加呈现逐渐变小的趋势，但均高于对照区农田土壤的变异系数，这表明 40~60cm 土层复垦土壤 pH 值整体上变异较小。

4. 复垦土壤 pH 值演变特征的原因分析

综上所述，各土层复垦土壤的 pH 值随着深度的增加呈现先增加后下降的趋势。不同土层复垦土壤 pH 值变化规律各不相同。0~20cm 土层复垦土壤 pH 值随着复垦时间的增加呈现不断降低的趋势。20~40cm 土层和 40~60cm 土层复垦土壤均随着复垦时间的增加呈现波动变化的趋势，但均高于对照区农田的 pH 值，整体上，复垦土壤的 pH 值偏碱性。

各土层复垦土壤 pH 值均随着复垦时间的增加呈现不断下降的趋势，其原因可能在于，农作物在种植、管理过程中促进了土壤腐殖酸的积累，土壤农作物根系作用得到增强，改善了复垦土壤的孔隙度状况和土壤结构，复垦土壤微生物活动不断加强，从而促进了复垦土壤有机酸的增多，降低了复垦土壤的 pH 值。40~60cm 土层复垦土壤 pH 值偏高，可能因为，其与充填的煤矸石较近，而煤矸石呈现碱性，煤矸石的碱性物质容易向复垦土壤迁移。

7.2 复垦农田土壤肥力的演变特征

土壤有机质、总氮、碱解氮、全磷、有效磷是复垦土壤重要的肥力因子，能够反映复垦土壤肥力状况[173-175]。复垦土壤养分水平状况是复垦土壤肥力质量的重要指标。在煤矿区土地复垦过程中，土壤的物理性质会发生变化，土壤的化学性质也会随之发生改变。因此，了解复垦土壤的肥力因子的变化特征对于了解复垦土壤的肥力状况，掌握复垦土壤的演变规律具有重要作用，其也为复垦土壤质量的提升提供参考依据。

7.2.1 复垦农田土壤有机质的演变特征

土壤有机质分为腐殖质和非腐殖质，包括土壤动物、植物、微生物的残体、分泌物和排泄物等。土壤有机质是土壤的重要组成部分，是土壤中营养元素的重要来源，具有保持土壤耕作、抵抗风蚀和水蚀、降解污染物等重要作用，是复垦土壤肥力的重要指标[176-178]。土壤有机质对于提高土壤肥力，促进农业的可持续发展具有重要的意义。本书的复垦土壤有机质含量的统计结果见表 7-3，复垦土壤有机质含量的演变特征如图 7-3 所示。

表 7-3　复垦土壤有机质含量统计结果

土层深度（cm）	复垦年限（a）	有机质含量		
		平均值 g/kg	标准差	CV（100%）
0~20	1	6.49	1.82	28.05
	3	14.42	2.00	13.86
	5	20.00	2.65	13.23
	8	22.05	2.80	12.71
	10	24.13	1.36	5.62
	CK	25.30	1.33	5.26
20~40	1	9.85	2.27	23.03
	3	12.53	2.15	17.17
	5	14.77	2.02	13.66
	8	15.13	1.83	12.08
	10	16.09	1.75	10.89
	CK	16.94	1.29	7.63

土层深度（cm）	复垦年限（a）	有机质含量		
		平均值 g/kg	标准差	CV（100%）
40~60	1	5.50	1.05	19.12
	3	7.20	0.88	12.23
	5	8.49	0.82	9.71
	8	9.23	0.60	6.54
	10	9.83	0.52	5.24
	CK	10.25	0.42	4.13

注：CK 为对照区农田土壤。

1.0~20cm 土层土壤有机质含量演变特征

复垦土壤 0~20cm 土层土壤有机质含量变化趋势图如图 7-3 所示。根据表 7-3 可知，0~20cm 土层土壤有机质含量在复垦 1a、3a、5a、8a、10a 依次为：6.49、14.42、20.00、22.05、24.13g/kg，复垦土壤有机质含量变化范围在 6.49~24.13g/kg，总体上复垦土壤有机质含量随着复垦时间的增加呈现不断增加的趋势。与复垦初期土壤有机质含量的 6.49g/kg 相比，复垦 3a 土壤有机质含量增加了 122.16%，复垦 5a 土壤有机质含量增加了 208.22%，复垦 8a 土壤有机质含量增加了 239.75%，复垦 10a 土壤有机质含量增加了 271.74%。与对照区农田土壤有机质含量的 25.30g/kg 相比，复垦 1a 土壤有机质含量低了 74.33%，复垦 3a 土壤有机质含量低了 43.01%，复垦 5a 土壤有机质含量低了 20.93%，复垦 8a 土壤有机质含量低了 12.85%，复垦 10a 土壤有机质含量低了 4.64%。从第二次全国土壤普查土壤养分分级来看，0~20cm 土层土壤有机质含量在复垦 1a、3a、5a、8a、10a 依次属于第 5 级、第 4 级、第 3 级、第 3 级、第 3 级；从丰缺度标准来看，其依次属于缺、稍缺、中等、中等、中等。可以看出，复垦土壤有机质含量在复垦初期增加较快，复垦后期增加较慢。从复垦土壤有机质含量的变异系数可以看出，0~20cm土层复垦农田土壤有机质含量变异系数在5.62%~28.05%之间变化，复垦初期土壤有机质含量的变异系数大，其随着复垦时间的增加呈现逐渐变小的趋势，但均高于对照区农田土壤的变异系数，表明0~20cm土层复垦土壤有机质含量整体上变异较大。

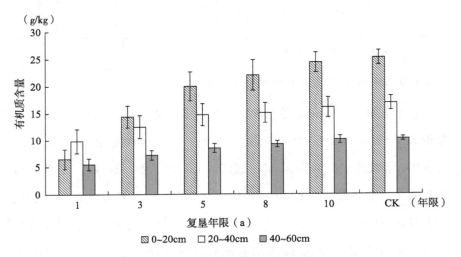

图7-3 不同土层复垦土壤有机质含量演变特征

2. 20~40cm土层土壤有机质含量演变特征

复垦土壤20~40cm土层土壤有机质含量变化趋势如图7-3所示。根据表7-3可知，复垦土壤有机质含量由复垦初期的9.85g/kg依次变化为12.53、14.77、15.13、16.09g/kg，复垦土壤有机质含量的变化范围为9.85~16.09g/kg，总体上复垦土壤有机质含量随着复垦时间的增加呈现不断增加的趋势。与复垦初期土壤有机质含量的9.85g/kg相比，复垦3a土壤有机质含量增加了27.24%，复垦5a土壤有机质含量增加了49.98%，复垦8a土壤有机质含量增加了53.61%，复垦10a土壤有机质含量增加了 63.37%。与对照区农田土壤有机质含量的 16.94g/kg 相比，复垦 1a 土壤有机质含量低了 41.83%，复垦 3a 土壤有机质含量低了 26.01%，复垦 5a 土壤有机质含量低了 12.79%，复垦 8a 土壤有机质含量低了 10.68%，复垦 10a 土壤有机质含量低了 5.01%。从第二次全国土壤普查土壤养分分级来看，20~40cm 土层土壤有机质含量在复垦 1a、3a、5a、8a、10a 均属于第 4 级；从丰缺度标准来看，其均属于稍缺。可以看出，复垦土壤有机质含量在整个复垦期间内，在养分分级和丰缺度方面没有显著变化。从复垦土壤有机质含量的变异系数可以看出，复垦农田土壤有机质含量变异系数在 10.89%~23.03%发生变化，复垦初期土壤有机质含量的变异系数较大，其可能原因在于，复垦土壤有机质含量在初期受到复垦措施、耕作管理措施等因素的影响，造成土壤有机质含量的不均衡分布；随着复垦时间的增加，复垦土壤有机质含量的变异系数不断下降，这说明 20~40cm 土层复垦土壤有机质含量的分布逐渐变得更加均衡。

3. 40~60cm 土层土壤有机质含量演变特征

复垦土壤 40~60cm 土层土壤有机质含量变化趋势如图 7-3 所示。根据表 7-3 可知，复垦土壤有机质含量由复垦初期的 8.28g/kg 依次变化为 8.22、8.19、8.23、8.03g/kg，复垦土壤有机质含量的变化范围为 8.03~8.28g/kg，总体上复垦土壤有机质含量随着复垦时间的增加呈现波动变化的趋势。与复垦初期土壤有机质含量的 9.85g/kg 相比较，复垦 3a 土壤有机质含量增加了 30.84%，复垦 5a 土壤有机质含量增加了 54.36%，复垦 8a 土壤有机质含量增加了 67.80%，复垦 10a 土壤有机质含量增加了 78.77%。与对照区农田土壤有机质含量的 10.25g/kg 相比，复垦 1a 土壤有机质含量低了 46.39%，复垦 3a 土壤有机质含量低了 29.79%，复垦 5a 土壤有机质含量低了 17.17%，复垦 8a 土壤有机质含量低了 9.96%，复垦 10a 土壤有机质含量低了 4.08%。从第二次全国土壤普查土壤养分分级来看，20~40cm 土层土壤有机质含量在复垦 1a、3a、5a、8a、10a 依次属于第 6 级、第 5 级、第 5 级、第 5 级、第 5 级；从丰缺度标准来看，其依次属于极缺、缺、缺、缺、缺。可以看出，复垦土壤有机质含量在复垦初期由第 6 级增长至 5 级，复垦中后期虽然土壤有机质含量有所增加，但在养分分级和丰缺度方面没有显著变化。从复垦土壤有机质含量的变异系数可以看出，复垦农田土壤有机质含量变异系数在 10.89%~23.03%发生变化，复垦初期土壤有机质含量的变异系数较大，其可能原因在于，复垦土壤有机质含量在初期受到复垦措施、耕作管理措施等因素的影响，造成土壤有机质含量的不均衡分布；随着复垦时间的增加，复垦土壤有机质含量的变异系数不断下降，这说明复垦土壤有机质含量分布逐渐变得更加均衡。

综上所述，复垦初期，20~40cm 土层土壤有机质含量大于 0~20cm、40~60cm 土层土壤有机质含量。复垦中后期，复垦土壤有机质含量随着深度的增加，呈现不断下降的趋势。各土层复垦土壤有机质含量随着复垦时间的增加呈现不断增加的趋势。

4. 复垦土壤有机质含量演变特征原因分析

已有研究表明，植被恢复能够显著改善土壤的化学特征，在植被恢复过程中，植物生长产生的凋落物和根系分解物在土壤中的积累，以及植物残体在还土过程中会增加土壤有机质的积累。本书复垦农田土壤有机质的变化原因与已有研究结论一致。农作物主要生长在耕作层，而耕作层土壤结构的改善也会加速土壤有机质的积累。短期复垦土壤因通过表土剥离、回填、整平等一系列复垦工程措施，人为扰动了原来的土壤剖面结构，造成复垦初期土壤有机质含量在垂直变化上规律不明显。复垦土壤肥力的形成受到复垦措施、耕作、施肥等人为因素的影响较大，其有机质含量增加的幅度更大，尤其是表层土壤受耕作和人工施肥，对土壤肥力影响的作用比深层次土壤更强烈。

表 7-4 土壤养分分级标准

级别	丰缺度	有机质（g/kg）	全氮（g/kg）	碱解氮（mg/kg）	全磷（g/kg）	有效磷（mg/kg）
1	丰	>40	>2.0	>150	>1.0	>40
2	稍丰	30~40	1.5~2.0	120~150	0.81~1.0	20~40
3	中等	20~30	1.0~1.5	90~120	0.61~0.80	10~20
4	稍缺	10~20	0.75~1.0	60~90	0.41~0.60	5~10
5	缺	6~10	0.5~0.75	30~60	0.20~0.40	3~5
6	极缺	6	0.5	30	0.20	3

注：引自《第二次全国土壤普查技术规程》。

7.2.2 复垦农田土壤氮素的演变特征

土壤氮素是农作物生长发育所必须的营养元素，也是土壤肥力的重要物质基础[179-180]。土壤全氮是土壤肥力的重要组成部分，是植物生长的基础条件，全氮含量也是进行合理施肥的直接依据。碱解氮（AN）是土壤提供给植物生长所必需的、易被植物吸收和利用的营养元素，对农作物的生长和产量的提高发挥重要作用。

7.2.2.1 复垦土壤全氮演变特征

本书的复垦土壤全氮含量的统计结果见表 7-5，复垦土壤全氮含量的演变特征如图 7-4 所示。

表 7-5　复垦土壤全氮含量统计结果

土层深度（cm）	复垦年限（a）	全氮含量		
		平均值（g/kg）	标准差	CV（100%）
0~20	1	0.73	0.11	15.33
	3	1.23	0.09	7.03
	5	1.56	0.08	5.35
	8	1.63	0.08	4.91
	10	1.75	0.07	3.73
	CK	1.83	0.06	3.28
20~40	1	0.81	0.12	14.14
	3	0.96	0.10	9.87
	5	1.02	0.07	6.86
	8	1.11	0.06	4.95
	10	1.21	0.08	6.61
	CK	1.27	0.07	5.35
40~60	1	0.69	0.08	11.68
	3	0.76	0.07	8.52
	5	0.82	0.07	8.00
	8	0.91	0.04	3.96
	10	0.91	0.03	3.30
	CK	0.93	0.03	2.70

注：CK 为对照区农田土壤。

1. 0~20cm 土层土壤全氮含量演变特征

复垦土壤 0~20cm 土层土壤全氮含量变化趋势图如图 7-4 所示。根据表 7-5 可知，0~20cm 土层土壤全氮含量在复垦 1a、3a、5a、8a、10a 依次为 0.73、1.23、1.56、1.63、1.75g/kg，复垦土壤全氮含量变化范围在 6.49~24.13g/kg 之间，总体上复垦土壤全氮含量随着复垦时间的增加呈现不断增加趋势。与复垦初期土壤全氮含量的 0.73g/kg 相比，复垦 3a 土壤全氮含量增加了 68.04%，复垦 5a 土壤全氮含量增加了 113.24%，复垦 8a 土壤全氮含量增加了 123.29%，复垦 10a 土壤全氮含量增加了 139.27%。与对照区农田土壤全氮含量的 1.83g/kg 相比，复垦 1a 土壤全氮含量低了 59.93%，复垦 3a 土壤全氮含量低了 32.97%，复垦 5a 土壤全氮含量低了 14.94%，复垦 8a 土壤全氮含量低了 10.93%，复垦 10a 土壤全氮含量低了 4.55%。从第二次全国土壤普查土壤养分分级来看，0~20cm 土层土壤全氮含量在复垦 1a、3a、5a、8a、10a 依次属于第 5 级、第 3 级、第 2 级、第 2 级、第 2 级；从丰缺度标准来看，其依次属于缺、中等、稍丰、稍丰、稍丰。可以看出，复垦土壤全氮含量在复垦初期增加较快，复垦中后期增加较慢。从复垦土壤全氮含量的变异系数可以看出，0~20cm 土层复垦农田土壤全氮含量变异系数在 3.73%~15.33% 发生变化，复垦初期土壤全氮含量的变异系数越大，其随着复垦时间的增加呈现逐渐变小的趋势，但均高于对照区农田土壤的变异系数，仅表明 0~20cm 土层复垦土壤全氮含量整体上变化较大。

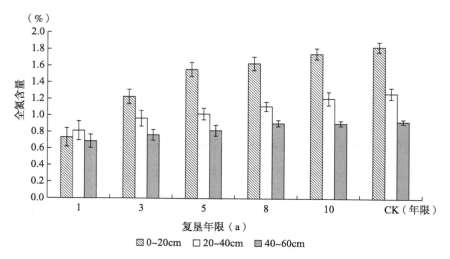

图 7-4　不同土层复垦土壤全氮含量演变特征

2. 20~40cm 土层土壤全氮含量演变特征

复垦土壤 20~40cm 土层土壤全氮含量变化趋势如图 7-4 所示。根据表 7-5 可知，复垦土壤全氮含量由复垦初期的 0.81g/kg 依次变化为 0.96、1.02、1.11、1.21g/kg，复垦土壤全氮含量的变化范围为 0.81~1.21g/kg，总体上，复垦土壤全氮含量随着复垦时间的增加呈现不断增加的趋势。与复垦初期土壤全氮含量的 0.81g/kg 相比，复垦 3a 土壤全氮含量增加了 18.93%，复垦 5a 土壤全氮含量增加了 25.93%，复垦 8a 土壤全氮含量增加了 37.45%，复垦 10a 土壤全氮含量增加了 49.38%。与对照区农田土壤全氮含量的 1.27g/kg 相比，复垦 1a 土壤全氮含量低了 35.96%，复垦 3a 土壤全氮含量低了 24.15%，复垦 5a 土壤全氮含量低了 19.69%，复垦 8a 土壤全氮含量低了 12.34%，复垦 10a 土壤全氮含量低了 4.72%。从第二次全国土壤普查土壤养分分级来看，20~40cm 土层土壤全氮含量在复垦 1a、3a、5a、8a、10a 依次属于第 4 级、第 4 级、第 3 级、第 3 级、第 3 级；从丰缺度标准来看，其依次属于稍缺、稍缺、中等、中等、中等。可以看出，复垦土壤全氮含量由复垦初期的 4 级增加至 3 级，复垦中后期虽然土壤全氮含量有所增加，但在养分分级和丰缺度方面没有显著变化。从复垦土壤全氮含量的变异系数可以看出，复垦农田土壤全氮含量变异系数在 4.95%~14.14%发生变化，复垦初期土壤全氮含量的变异系数较大，其原因可能在于，复垦土壤全氮含量在初期受到复垦措施、耕作管理措施等因素的影响，造成土壤全氮含量的不均衡分布；随着复垦时间的增加，复垦土壤全氮含量的变异系数不断下降，这说明 20~40cm 土层复垦土壤全氮含量分布逐渐变得更加均衡。

3. 40~60cm 土层土壤全氮含量演变特征

复垦土壤 40~60cm 土层土壤全氮含量变化趋势如图 7-4 所示。根据表 7-5 可知，复垦土壤全氮含量由复垦初期的 0.69g/kg 依次变化为

0.76、0.82、0.91、0.91g/kg，复垦土壤全氮含量的变化范围为 0.69~
0.91g/kg，总体上，复垦土壤全氮含量随着复垦时间的增加呈现不断增
加的趋势。与复垦初期土壤全氮含量的 0.69g/kg 相比，复垦 3a 土壤全
氮含量增加了 10.63%，复垦 5a 土壤全氮含量增加了 18.84%，复垦 8a
土壤全氮含量增加了 31.88%，复垦 10a 土壤全氮含量增加了 31.88%。
与对照区农田土壤全氮含量的 0.93g/kg 相比，复垦 1a 土壤全氮含量低
了 26.16%，复垦 3a 土壤全氮含量低了 17.92%，复垦 5a 土壤全氮含量
低了 11.83%，复垦 8a 土壤全氮含量低了 2.15%，复垦 10a 土壤全氮含
量低了 2.15%。从第二次全国土壤普查土壤养分分级来看，40~60cm
土层土壤全氮含量在复垦 1a、3a、5a、8a、10a 依次属于第 5 级、第 4
级、第 4 级、第 4 级、第 4 级；从丰缺度标准来看，其依次属于缺、稍
缺、稍缺、稍缺、稍缺。可以看出，复垦土壤全氮含量在复垦初期由第
5 级增长至 4 级，复垦中后期虽然土壤全氮含量有所增加，但在养分分
级和丰缺度方面没有显著变化。从复垦土壤全氮含量的变异系数可以看
出，复垦农田土壤全氮含量变异系数在 3.30%~11.68%发生变化，复
垦初期土壤全氮含量的变异系数较大，其原因可能在于，复垦土壤全氮
含量在初期受到复垦措施、耕作管理措施等因素的影响，造成土壤全氮
含量的不均衡分布；随着复垦时间的增加，复垦土壤全氮含量的变异系
数不断下降，这说明复垦土壤全氮含量分布逐渐变得更加均衡。

综上所述，复垦初期，20~40cm 土层土壤全氮含量大于 0~20cm、
40~60cm 土层土壤全氮含量。复垦中后期，复垦土壤全氮含量随着深
度的增加，均呈现不断下降的趋势。各土层复垦土壤全氮含量随着复垦
时间的增加呈现不断增加的趋势。

4. 复垦土壤全氮含量演变特征的原因分析

0~20cm 土层土壤全氮含量随着复垦时间的增加而呈现不断增加的

趋势，其原因在于，表层土壤受到农作物耕作、施肥、植物固氮作用的影响较大。而20~40cm、40~60cm土层土壤全氮含量受到的农作物施肥影响较小，其全氮含量主要由土壤母质决定，而且在复垦过程中因通过表土剥离、回填、整平等一系列复垦工程措施的影响，人为扰动了原来的土壤剖面结构，造成复垦初期土壤全氮含量在垂直变化上规律不明显；但随着复垦时间的增加，复垦土壤全氮含量在垂直剖面上随着深度的增加呈现不断下降的趋势。

7.2.2.2 复垦土壤碱解氮演变特征

本书的复垦土壤碱解氮含量的统计结果见表7-6，复垦土壤碱解氮含量的演变特征如图7-5所示。

表7-6　复垦土壤碱解氮含量统计结果

土层深度（cm）	复垦年限（a）	碱解氮含量		
		平均值（mg/kg）	标准差	CV（100%）
0~20	1	80.80	19.78	24.48
	3	92.83	15.71	16.92
	5	121.70	14.46	11.89
	8	169.57	12.63	7.45
	10	197.53	8.98	4.55
	CK	212.60	8.29	3.90
20~40	1	88.30	11.73	13.29
	3	94.03	12.90	13.72
	5	104.70	10.94	10.45
	8	111.53	10.19	9.14
	10	124.08	8.83	7.12
	CK	135.73	5.77	4.25

续表

土层深度（cm）	复垦年限（a）	碱解氮含量		
		平均值（mg/kg）	标准差	CV（100%）
40~60	1	64.77	12.04	18.59
	3	67.63	13.12	19.40
	5	75.13	10.35	13.77
	8	80.17	15.51	19.34
	10	92.10	6.84	7.42
	CK	100.63	5.64	5.61

注：CK 为对照区农田土壤。

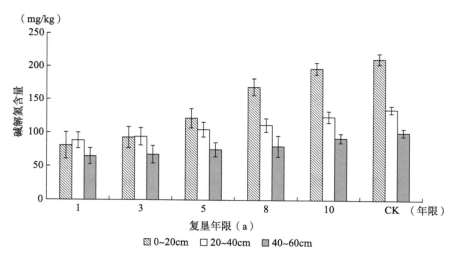

图 7-5　不同土层复垦土壤碱解氮含量演变特征

1.0~20cm 土层土壤碱解氮含量演变特征

复垦土壤 0~20cm 土层土壤碱解氮含量变化趋势图如图 7-5 所示。根据表 7-6 可知，0~20cm 土层土壤碱解氮含量在复垦 1a、3a、5a、8a、10a 依次为 80.80、92.83、121.70、169.57、197.53mg/kg，复垦土壤碱解氮含量变化范围在 80.80~197.53g/kg，总体上复垦土壤碱解氮含量随着复垦时间的增加呈现不断增加的趋势。与复垦初期土壤碱解氮含量的 80.80mg/kg 相比，复垦 3a 土壤碱解氮含量增加了 14.89%，复垦 5a 土壤碱解氮含量增加了 50.62%，复垦 8a 土壤碱解氮含量增加了 109.86%，复垦 10a 土壤碱解氮含量增加了 144.47%。与对照区农田土壤碱解氮含量的 212.60mg/kg 相比，复垦 1a 土壤碱解氮含量低了 61.99%，复垦 3a 土壤碱解氮含量低了 56.33%，复垦 5a 土壤碱解氮含量低了 42.76%，复垦 8a 土壤碱解氮含量低了 20.24%，复垦 10a 土壤碱解氮含量低了 7.09%。从第二次全国土壤普查土壤养分分级来看，0~20cm 土层土壤碱解氮含量在复垦 1a、3a、5a、8a、10a 依次属于第 4 级、第 3 级、第 2 级、第 1 级、第 1 级；从丰缺度标准来看，其依次属于稍缺、中等、稍丰、丰、丰。可以看出，复垦土壤碱解氮含量在整个复垦期间，在养分分级和丰缺度方面都有显著增加。从复垦土壤碱解氮含量的变异系数可以看出，0~20cm 土层复垦农田土壤碱解氮含量变异系数在 4.55%~24.48%发生变化，复垦前期土壤碱解氮含量的变异系数变大，其原因可能在于，复垦土壤碱解氮含量在初期受到复垦措施、耕作管理措施等因素的影响，造成土壤碱解氮含量的不均衡分布；随着复垦时间的增加，复垦土壤碱解氮含量的变异系数不断变小，但均高于对照区农田土壤的变异系数，这表明 0~20cm 土层复垦土壤碱解氮含量整体上变异较大。

2. 20~40cm 土层土壤碱解氮含量演变特征

复垦土壤 20~40cm 土层土壤碱解氮含量变化趋势如图 7-5 所示。根据表 7-6 可知，复垦土壤碱解氮含量由复垦初期的 88.30mg/kg 依次变化为 94.03、104.70、111.53、124.08mg/kg，复垦土壤碱解氮含量的变化范围为 88.30~124.08mg/kg，总体上，复垦土壤碱解氮含量随着复垦时间的增加呈现不断增加的趋势。与复垦初期土壤碱解氮含量的 88.30mg/kg 相比较，复垦 3a 土壤碱解氮含量增加了 6.49%，复垦 5a

土壤碱解氮含量增加了 18.57%，复垦 8a 土壤碱解氮含量增加了 26.31%，复垦 10a 土壤碱解氮含量增加了 40.52%。与对照区农田土壤碱解氮含量的 135.73mg/kg 相比，复垦 1a 土壤碱解氮含量低了 34.95%，复垦 3a 土壤碱解氮含量低了 30.72%，复垦 5a 土壤碱解氮含量低了 22.86%，复垦 8a 土壤碱解氮含量低了 17.83%，复垦 10a 土壤碱解氮含量低了 8.58%。从第二次全国土壤普查土壤养分分级来看，20~40cm 土层土壤碱解氮含量在复垦 1a、3a、5a、8a、10a 依次属于第 4 级、第 3 级、第 3 级、第 3 级、第 2 级；从丰缺度标准来看，其依次属于稍缺、中等、中等、中等、稍丰。可以看出，复垦土壤碱解氮含量由复垦初期的 4 级增加至 3 级，后期又增加至 2 级，这表明复垦土壤碱解氮含量在整个复垦期，在养分分级和丰缺度方面均有显著增加。从复垦土壤碱解氮含量的变异系数可以看出，复垦农田土壤碱解氮含量变异系数在 8.33%~12.90% 发生变化，复垦初期土壤碱解氮含量的变异系数较大，其原因可能在于，复垦土壤碱解氮含量在初期受到复垦措施、耕作管理措施等因素的影响，造成土壤碱解氮含量的不均衡分布；随着复垦时间的增加，复垦土壤碱解氮含量的变异系数不断下降，这说明 20~40cm 土层复垦土壤碱解氮含量分布逐渐变得更加均衡。

3. 40~60cm 土层土壤碱解氮含量演变特征

复垦土壤 40~60cm 土层土壤碱解氮含量变化趋势如图 7-5 所示。根据表 7-6 可知，复垦土壤碱解氮含量由复垦初期的 64.77mg/kg 依次变化为 67.63、75.13、80.17、92.10mg/kg，复垦土壤碱解氮含量的变化范围为 64.77~92.10mg/kg，总体上，复垦土壤碱解氮含量随着复垦时间的增加呈现不断增加的趋势。与复垦初期土壤碱解氮含量的 64.77mg/kg 相比较，复垦 3a 土壤碱解氮含量增加了 4.42%，复垦 5a 土壤碱解氮含量增加了 16.00%，复垦 8a 土壤碱解氮含量增加了

23.77%，复垦10a土壤碱解氮含量增加了42.20%。与对照区农田土壤碱解氮含量的 100.63mg/kg 相比，复垦 1a 土壤碱解氮含量低了 35.64%，复垦3a土壤碱解氮含量低了32.79%，复垦5a土壤碱解氮含量低了 25.34%，复垦8a土壤碱解氮含量低了 20.34%，复垦10a土壤碱解氮含量低了 8.48%。从第二次全国土壤普查土壤养分分级来看，40~60cm土层土壤碱解氮含量在复垦 1a、3a、5a、8a、10a 依次属于第4级、第4级、第4级、第4级、第3级；从丰缺度标准来看，其依次属于稍缺、稍缺、稍缺、稍缺、中等。可以看出，复垦土壤碱解氮含量在复垦后期由第4级增长至3级，复垦前中期虽然土壤碱解氮含量有所增加，但在养分分级和丰缺度方面没有显著变化。从复垦土壤碱解氮含量的变异系数可以看出，复垦农田土壤碱解氮含量变异系数在 7.42%~ 19.40%发生变化，复垦 6 初期土壤碱解氮含量的变异系数较大，其原因可能在于，复垦土壤碱解氮含量在初期受到复垦措施、耕作管理措施等因素的影响，造成土壤碱解氮含量的不均衡分布；随着复垦时间的增加，复垦土壤碱解氮含量的变异系数不断下降，这说明复垦土壤碱解氮含量分布逐渐变得更加均衡。

综上所述，复垦初期，20~40cm 土层土壤碱解氮含量大于 0~20cm、40~60cm 土层的土壤碱解氮含量。复垦中后期，复垦土壤碱解氮含量随着深度的增加，均呈现不断下降的趋势。各土层复垦土壤碱解氮含量随着复垦时间的增加呈现不断增加的趋势。

4. 复垦土壤碱解氮含量演变特征的原因分析

0~20cm、20~40cm 土层复垦土壤碱解氮含量的随着复垦时间的增加而呈现不断增加的趋势，其原因在于，表层土壤在农作物耕作、施肥、植物固氮作用下不断熟化。复垦初期，20~40cm 土层土壤碱解氮含量高于 0~20cm 土层，其原因在于，在复垦过程中，因通过表土剥离、回填、整平等一系列复垦工程措施的影响，人为扰动了原来的土壤剖面结构，造成复垦初期土壤碱解氮含量在垂直变化上规律不明显。但随着复垦时间的增加，复垦土壤碱解氮含量在垂直剖面上随着深度的增加呈现不断下降的趋势。40~60cm 土层土壤的碱解氮含量是由土壤母质决定的，其含量的增加主要来自自身氮素的分解转化和上层土壤碱解氮的迁移，而且该土层受到的农作物施肥、耕作措施影响较小，因此总体变化不大。

7.2.3 复垦农田土壤磷素的演变特征

土壤中的磷素含量可用全磷和速效磷含量表示。土壤磷素对土壤肥力有重要影响[181-183]。土壤全磷是土壤肥力的重要组成部分，是农作物生长的基础条件，全磷的含量也是合理进行施肥的直接依据。有效磷作为评价土壤供磷能力的指标，是土壤有效磷贮库中对农作物最为有效的部分。土壤有效磷肥力的高低直接影响农作物的生长发育情况。

7.2.3.1 复垦土壤全磷演变特征

本书的复垦土壤全磷含量的统计结果见表 7-7，复垦土壤全磷含量的演变特征如图 7-6 所示。

表 7-7 复垦土壤全磷含量统计结果

土层深度（cm）	复垦年限（a）	全磷含量		
		平均值（g/kg）	标准差	CV（100%）
0~20	1	0.44	0.06	12.65
	3	0.75	0.04	5.33
	5	0.67	0.06	8.26
	8	0.64	0.05	7.91
	10	0.55	0.04	7.30
	CK	0.65	0.04	5.43

续表

土层深度（cm）	复垦年限（a）	全磷含量		
		平均值（g/kg）	标准差	CV（100%）
20~40	1	0.53	0.05	8.45
	3	0.65	0.06	8.57
	5	0.61	0.05	8.46
	8	0.55	0.06	9.95
	10	0.51	0.03	5.88
	CK	0.55	0.04	7.30
40~60	1	0.58	0.09	14.58
	3	0.55	0.07	11.90
	5	0.49	0.06	11.32
	8	0.52	0.07	13.42
	10	0.51	0.08	14.81
	CK	0.52	0.04	7.69

注：CK 为对照区农田土壤。

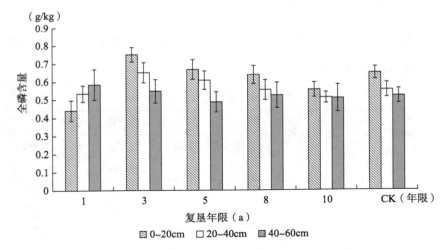

图 7-6　不同土层复垦土壤全磷含量演变特征

1.0~20cm 土层土壤全磷含量演变特征

复垦土壤 0~20cm 土层土壤全磷含量变化趋势图如图 7-6 所示。根据表 7-7 可知，0~20cm 土层土壤全磷含量在复垦 1a、3a、5a、8a、10a 依次为：0.44、0.75、0.67、0.64、0.55g/kg，复垦土壤全磷含量变化范围在 0.44~0.75g/kg，总体上，复垦土壤全磷含量随着复垦时间的增加呈现先增加后减少的趋势。与复垦初期土壤全磷含量的 0.44g/kg 相比，复垦 3a 土壤全磷含量增加了 70.45%，复垦 5a 土壤全磷含量增加了 51.52%，复垦 8a 土壤全磷含量增加了 44.70%，复垦 10a 土壤全磷含量增加了 25.76%。与对照区农田土壤全磷含量的 0.65g/kg 相比，复垦 1a 土壤全磷含量低了 32.31%，复垦 3a 土壤全磷含量高了 15.38%，复垦 5a 土壤全磷含量高了 2.56%，复垦 8a 土壤全磷含量低了 2.05%，复垦 10a 土壤全磷含量低了 14.87%。从第二次全国土壤普查土壤养分分级来看，0~20cm 土层土壤全磷含量在复垦 1a、3a、5a、8a、10a 依次属于第 4 级、第 3 级、第 3 级、第 3 级、第 4 级；从丰缺度标准来看，其依次属于稍缺、中等、中等、中等、稍缺。可以看出，复垦土壤全磷含量在整个复垦期间，在养分分级和丰缺度方面呈现先增加后减少的趋势。从复垦土壤全磷含量的变异系数可以看出，0~20cm 土层复垦农田土壤全磷含量变异系数在 5.33%~12.65% 发生变化，复垦初期土壤全磷含量的变异系数较大，其原因可能在于，复垦土壤全磷含量在初期受到复垦措施、耕作管理措施等因素的影响，造成土壤全磷含量的不均衡分布；随着复垦时间的增加，复垦土壤全磷含量的变异系数呈现波动变化，但均高于对照区农田土壤的变异系数，这表明 0~20cm 土层复垦土壤全磷含量整体上变异较大。

2.20~40cm 土层土壤全磷含量演变特征

复垦土壤 20~40cm 土层土壤全磷含量变化趋势如图 7-6 所示。根据表7-7可知，复垦土壤全磷含量由复垦初期的 0.53g/kg 依次变化为 0.65、0.61、0.55、0.51g/kg，复垦土壤全磷含量的变化范围为 0.51~0.65g/kg，总体上，复垦土壤全磷含量随着复垦时间的增加呈现先增加后减少的趋势。与复垦初期土壤全磷含量的 0.53g/kg 相比，复垦 3a 土壤全磷含量增加了 22.64%，复垦 5a 土壤全磷含量增加了 14.47%，复垦 8a 土壤全磷含量增加了 4.40%，复垦 10a 土壤全磷含量减少了 3.77%。与对照区农田土壤全磷含量的 0.55g/kg 相比，复垦 1a 土壤全磷含量低了 3.03%，复垦 3a 土壤全磷含量高了 18.18%，复垦 5a 土壤全磷含量高了 10.30%，复垦 8a 土壤全磷含量高了 0.61%，复垦 10a 土壤全磷含量低了 7.27%。从第二次全国土壤普查土壤养分分级来看，20~40cm 土层土壤全磷含量在复垦 1a、3a、5a、8a、10a 依次属于第4级、第3级、第3级、第4级、第4级；从丰缺度标准来看，其依次属于稍缺、中等、中等、稍缺、稍缺。可以看出，复垦土壤全磷含量由复垦初期的4级增加至3级，后期又减少至4级，这表明复垦土壤全磷含量在整个复垦期，在养分分级和丰缺度方面呈现波动变化。从复垦土壤全磷含量的变异系数可以看出，复垦农田土壤全磷含量变异系数在 8.45%~9.95% 发生变化，整体上土壤全磷含量的变异系数较大，其原因可能在于，复垦土壤全磷含量受到复垦措施、耕作管理措施等因素的影响，造成土壤全磷含量的不均衡分布。

3.40~60cm 土层土壤全磷含量演变特征

复垦土壤 40~60cm 土层土壤全磷含量变化趋势如图7-6所示。根据表7-7可知，复垦土壤全磷含量由复垦初期的 0.58g/kg 依次变化为 0.55、0.49、0.52、0.51g/kg，复垦土壤全磷含量的变化范围为 0.49-0.55g/kg，总体上，复垦土壤全磷含量随着复垦时间的增加呈现波动变化的趋势。与复垦初期土壤全磷含量的 0.58g/kg 相比较，复垦 3a 土壤全磷含量减少了5.75%，复垦5a土壤全磷含量减少了16.09%，复垦8a土壤全磷含量减少了9.77%，复垦10a土壤全磷含量减少了12.64%。与对照区农田土壤全磷含量的0.52g/kg相比，复垦1a土壤全磷含量高了12.18%，复垦3a土壤全磷含量高了5.13%，复垦5a土壤全磷含量低了6.41%，复垦8a土壤全磷含量高了0.64%，复垦10a土壤全磷含量低了2.56%。从第二次全国土壤普查土壤养分分级来看，40~60cm土层土壤全磷含量在复垦1a、3a、5a、8a、10a均属于第4级；从丰缺度标准来看，其均属于稍缺。可以看出，复垦土壤全磷含量在整个复垦期间内虽然呈现波动变化趋势，但在养分分级和丰缺度方面没有显著变化。从复垦土壤全磷含量的变异系数可以看出，复垦农田土壤全磷含量变异系数在11.32%~14.81%发生变化，复垦土壤全磷含量的变异系数较大，其原因可能在于，复垦土壤全磷含量在受到复垦措施的影响，造成土壤全磷含量的不均衡分布；随着复垦时间的增加，复垦土壤全磷含量的变异系数变化不大，这说明40~60cm土层复垦土壤全磷含量分布受到复垦时间和耕作措施的影响较小。

综上所述，复垦初期，土壤全磷含量随着土层深度的增加呈现增加的趋势。复垦中后期，复垦土壤全磷含量随着深度的增加，均呈现不断下降的趋势。0~20cm、20~40cm土层复垦土壤全磷含量随着复垦时间的增加呈现先增加后减少的趋势。40~60cm土层复垦土壤全磷含量随着复垦时间的增加呈现波动变化的趋势。

4. 复垦土壤全磷含量演变特征的原因分析

磷作为一种沉积性的矿物，在土壤的风化过程中迁移量较小。各土层，复垦土壤全磷含量变化规律差异较大。0~20cm、20~40cm土层复垦土壤全磷含量的随着复垦时间的增加而呈现先增加后减少的趋势，其原因在于，表层土壤受农作物耕作、施肥等措施影响较大。复垦初期，40~60cm、20~40cm土层土壤全磷含量高于0~20cm土层土壤全磷含量，其原因在于，在复垦过程中，受表土剥离、回填、整平等一系列复垦工程措施的影响，人为扰动了原来的土壤剖面结构，造成复垦初期土壤全磷含量分布的无规律性。但随着复垦时间的增加，复垦土壤全磷含量在垂直剖面上随着深度的增加呈现不断下降的趋势。40~60cm 土层土壤全磷含量是由土壤母质决定的，其含量的增加主要来自土壤母质，而且该土层受到的农作物施肥、耕作措施影响较小，因此总体变化不大。

7.2.3.3 复垦土壤有效磷演变特征

本书的复垦土壤有效磷含量的统计结果见表 7-8，复垦土壤有效磷含量的演变特征如图 7-7 所示。

表 7-8 复垦土壤有效磷含量统计结果

土层深度（cm）	复垦年限（a）	有效磷含量		
		平均值（mg/kg）	标准差	CV（100%）
0~20	1	7.37	1.07	14.51
	3	9.07	1.38	15.22
	5	11.63	1.32	11.35
	8	13.50	1.21	8.98
0~20	10	16.40	1.15	7.03
	CK	18.97	1.10	5.81
20~40	1	4.27	0.95	22.28
	3	5.20	0.70	13.46
	5	6.87	0.60	8.78
	8	8.23	0.61	7.42
	10	9.80	0.56	5.68
	CK	12.73	0.32	2.52

续表

土层深度（cm）	复垦年限（a）	有效磷含量		
		平均值（mg/kg）	标准差	CV（100%）
40~60	1	4.93	0.35	7.12
	3	5.23	0.31	5.84
	5	5.30	0.26	4.99
	8	5.57	0.35	6.31
	10	6.03	0.21	3.45
	CK	6.30	0.20	3.17

注：CK 为对照区农田土壤。

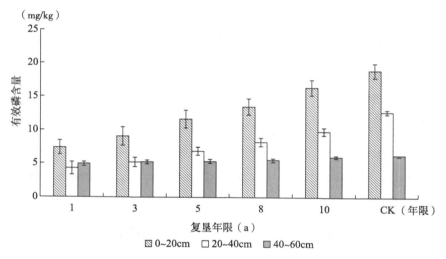

图 7-7 不同土层复垦土壤有效磷含量演变特征

1. 0~20cm 土层土壤有效磷含量演变特征

复垦土壤 0~20cm 土层土壤有效磷含量变化趋势图如图 7-7 所示。根据表 7-8 可知，0~20cm 土层土壤有效磷含量在复垦 1a、3a、5a、8a、10a 依次为：7.37、9.07、11.63、13.50、16.40mg/kg，复垦土壤有效磷含量变化范围在 7.37~16.40g/kg，总体上，复垦土壤有效磷含量随着复垦时间的增加呈现不断增加的趋势。与复垦初期土壤有效磷含量的 7.37mg/kg 相比，复垦 3a 土壤有效磷含量增加了 23.02%，复垦 5a 土壤有效磷含量增加了 57.85%，复垦 8a 土壤有效磷含量增加了 83.18%，复垦 10a 土壤有效磷含量增加了 122.52%。与对照区农田土壤有效磷含量的 18.97mg/kg 相比较，复垦 1a 土壤有效磷含量低了 61.17%，复垦 3a 土壤有效磷含量低了 52.21%，复垦 5a 土壤有效磷含量低了 38.68%，复垦 8a 土壤有效磷含量低了 28.84%，复垦 10a 土壤有效磷含量低了 13.55%。从第二次全国土壤普查土壤养分分级来看，0~20cm 土层土壤有效磷含量在复垦 1a、3a、5a、8a、10a 依次属于第 4 级、第 4 级、第 3 级、第 3 级、第 3 级；从丰缺度标准来看，其依次属于稍缺、稍缺、中等、中等、中等。可以看出，复垦土壤有效磷含量由 4 级增加至 3 级，复垦中后期土壤有效磷含量虽有增加，但在养分分级和丰缺度方面没有显著增加。从复垦土壤有效磷含量的变异系数可以看出，0~20cm 土层复垦农田土壤有效磷含量变异系数在 7.03%~15.22% 发生变化，复垦前期土壤有效磷含量的变异系数较大，可能原因在于，复垦土壤有效磷含量在初期受到复垦措施、耕作管理措施等因素的影响，造成土壤有效磷含量的不均衡分布；随着复垦时间的增加，复垦土壤有效磷含量的变异系数不断变小，但均高于对照区农田土壤的变异系数，这表明 0~20cm 土层复垦土壤有效磷含量整体上变异较大。

2. 20~40cm 土层土壤有效磷含量演变特征

复垦土壤 20~40cm 土层土壤有效磷含量变化趋势如图 7-7 所示。根据表 7-8 可知，复垦土壤有效磷含量由复垦初期的 4.27mg/kg 依次变化为 5.20、6.87、8.23、9.80mg/kg，复垦土壤有效磷含量的变化范围为 4.27~9.80mg/kg，总体上，复垦土壤有效磷含量随着复垦时间的增加呈现不断增加的趋势。与复垦初期土壤有效磷含量的 4.27mg/kg 相比,复垦 3a 土壤有效磷含量增加了 21.78%,复垦 5a 土壤有效磷含量增加了 60.81%,复垦 8a 土壤有效磷含量增加了 92.82%,复垦 10a 土壤有效磷含量增加了 129.51%。与对照区农田土壤有效磷含量的 12.73mg/kg 相比,复垦 1a 土壤有效磷含量低了 66.48%,复垦 3a 土壤有效磷含量低了 59.15%,复垦 5a 土壤有效磷含量低了 46.06%,复垦 8a 土壤有效磷含量低了 35.32%,复垦 10a 土壤有效磷含量低了 23.02%。从第二次全国土壤普查土壤养分分级来看,20~40cm 土层土壤有效磷含量在复垦 1a、3a、5a、8a、10a 依次属于第 5 级、第 4 级、第 4 级、第 4 级、第 4 级;从丰缺度标准来看,其依次属于缺、稍缺、稍缺、稍缺、稍缺。可以看出,复垦土壤有效磷含量由复垦初期的 5 级增加至 4 级,后期土壤有效磷含量虽然有所增加,但在养分分级和丰缺度方面没有显著增加。从复垦土壤有效磷含量的变异系数可以看出,复垦农田土壤有效磷含量变异系数在 5.68%~22.28% 发生变化,复垦初期土壤有效磷含量的变异系数较大,可能原因在于,复垦土壤有效磷含量在初期受到复垦措施、耕作管理措施等因素的影响,造成土壤有效磷含量的不均衡分布;随着复垦时间的增加,复垦土壤有效磷含量的变异系数不断下降,这说明 20~40cm 土层复垦土壤有效磷含量分布逐渐变得更加均衡。

3. 40~60cm 土层土壤有效磷含量演变特征

复垦土壤 40~60cm 土层土壤有效磷含量变化趋势如图 7-7 所示。根据表 7-8 可知,复垦土壤有效磷含量由复垦初期的 4.93mg/kg 依次变化为 5.23、5.30、5.57、6.03mg/kg,复垦土壤有效磷含量的变化范围为 4.93~6.03mg/kg,总体上,复垦土壤有效磷含量随着复垦时间的增加呈现不断增加的趋势。与复垦初期土壤有效磷含量的 4.93mg/kg 相比,复垦 3a 土壤有效磷含量增加了 6.15%,复垦 5a 土壤有效磷含量增加了 7.51%，复垦 8a 土壤有效磷含量增加了 12.91%，复垦 10a 土壤有效磷含量增加了 22.38%。与对照区农田土壤有效磷含量的 6.30mg/kg 相比，复垦 1a 土壤有效磷含量低了 21.69%，复垦 3a 土壤有效磷含量低了 16.93%，复垦 5a 土壤有效磷含量低了 15.87%，复垦 8a 土壤有效磷含量低了 11.64%，复垦 10a 土壤有效磷含量低了 4.23%。从第二次全国土壤普查土壤养分分级来看，40~60cm 土层土壤有效磷含量在复垦 1a、3a、5a、8a、10a 依次属于第 5 级、第 4 级、第 4 级、第 4 级、第 4 级；从丰缺度标准来看，其依次属于缺、稍缺、稍缺、稍缺、稍缺。可以看出，复垦土壤有效磷含量在复垦前期由第 5 级增长至 4 级，复垦中后期虽然土壤有效磷含量有所增加，但在养分分级和丰缺度方面没有显著变化。从复垦土壤有效磷含量的变异系数可以看出，复垦农田土壤有效磷含量变异系数在 3.45%~7.12% 发生变化，复垦土壤有效磷含量的变异系数变化不大，可能原因在于，复垦土壤有效磷含量受到复垦措施、耕作管理措施等因素的影响较小。

综上所述，复垦初期，0~20cm 土层土壤有效磷含量大于 40~60cm、0~20cm 土层土壤有效磷含量。复垦中后期，复垦土壤有效磷含量随着深度的增加，均呈现不断下降的趋势。各土层复垦土壤有效磷含量随着复垦时间的增加呈现不断增加的趋势。

4. 复垦土壤有效磷含量演变特征的原因分析

各土层复垦土壤有效磷含量随着复垦时间的增加呈现不断增加的趋势，原因在于，表层土壤受到农作物耕作、施肥等措施的影响较大。土壤矿质胶体的性质、有机质含量、氧化还原条件及干湿交替过程等均能对土壤磷的有效性产生影响。0~20cm 土层复垦土壤有机质含量比深层土壤的有机质含量高，可以为复垦土壤微生物的生长提供良好的营养环境，促进复垦土壤中难以利用的磷转化为有效磷，从而提高复垦土壤有效磷的含量。复垦初期，40~60cm 土层土壤有效磷含量高于 20~40cm 土层土壤有效磷含量，原因在于，在复垦过程中受表土剥离、回填、整平等一系列复垦工程措施的影响，人为扰动了原来的土壤剖面结构，造成复垦初期土壤有效磷含量在垂直变化上规律不明显。但随着复垦时间的增加，复垦土壤有效磷含量在垂直剖面上随着深度的增加呈现不断下降的趋势。40~60cm 土层土壤有效磷含量来自自身土壤母质磷素的释放和上层土壤有效磷的迁移，而且该土层受到的农作物施肥、耕作措施影响较小，因此总体变化不大。

7.3 复垦农田土壤酶活性的演变特征

土壤酶是土壤生物学性质的重要组成部分。在土壤生态系统中，土壤酶发挥着重要的作用。土壤酶活力大小与土壤生态系统的演替、土壤微生态环境健康状况紧密相关[184-186]。土壤酶种类、活性大小可以作为重要的评价指标，来研究土壤生态系统目前所处的状态，能够反映土壤管理措施、环境因子对土壤生态系统的影响。

7.3.1 复垦农田土壤蔗糖酶活性演变特征

土壤蔗糖酶是一种参与碳循环的重要酶，其能够催化土壤中低聚糖水解[187]。土壤蔗糖酶活性的变化趋势比其他土壤酶更能明显地反映土壤肥力状态以及管理措施对土壤性质的影响。本书复垦土壤蔗糖酶活性的统计结果见表 7-9，复垦土壤蔗糖酶活性的演变特征如图 7-8 所示。

表 7-9　复垦土壤蔗糖酶活性统计结果

土层深度（cm）	复垦年限（a）	蔗糖酶活性		
		平均值（mg/g）	标准差	CV（100%）
0~20	1	6.73	1.05	15.60
	3	8.95	0.82	9.17
	5	12.68	0.98	7.73
	8	15.93	0.75	4.71
	10	19.92	0.79	3.94
	CK	20.31	0.79	3.89
20~40	1	7.52	1.30	17.27
	3	9.33	1.06	11.36
	5	12.60	1.28	10.13
	8	13.43	0.70	5.23
	10	15.27	0.86	5.65
	CK	15.62	0.73	4.64
40~60	1	6.14	1.19	19.45
	3	5.43	1.31	24.02
	5	7.87	0.86	10.96
	8	8.17	0.64	7.87
	10	8.63	0.81	9.36
	CK	9.10	0.75	8.30

注：CK 为对照区农田土壤。

1.0~20cm 土层土壤蔗糖酶活性演变特征

复垦土壤 0~20cm 土层土壤蔗糖酶活性变化趋势图如图 7-8 所示。根据表 7-9 可知，0~20cm 土层土壤蔗糖酶活性在复垦 1a、3a、5a、8a、10a 依次为 6.73、8.95、12.68、15.93、19.92mg/g，复垦土壤蔗糖酶活性变化范围在 6.73~19.92mg/g，总体上，复垦土壤蔗糖酶活性随着复垦时间的增加呈现不断增加的趋势。与复垦初期土壤蔗糖酶活性

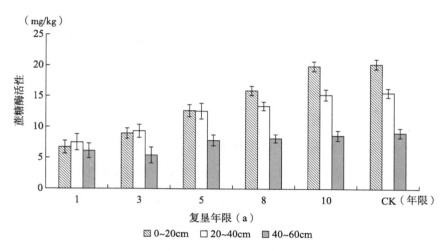

图7-8 不同土层复垦土壤蔗糖酶活性演变特征

的6.73mg/g相比,复垦3a土壤蔗糖酶活性增加了33.04%,复垦5a土壤蔗糖酶活性增加了88.46%,复垦8a土壤蔗糖酶活性增加了136.75%,复垦10a土壤蔗糖酶活性增加了195.99%。与对照区农田土壤蔗糖酶活性的20.31mg/g相比,复垦1a土壤蔗糖酶活性低了66.85%,复垦3a土壤蔗糖酶活性低了55.92%,复垦5a土壤蔗糖酶活性低了37.55%,复垦8a土壤蔗糖酶活性低了21.55%,复垦10a土壤蔗糖酶活性低了1.92%。从复垦土壤蔗糖酶活性的变异系数可以看出,0~20cm土层复垦农田土壤蔗糖酶活性变异系数在3.94%~15.60%发生变化,复垦前期土壤蔗糖酶活性的变异系数较大,可能原因在于,复垦土壤蔗糖酶活性在初期受到复垦措施、耕作管理措施等因素的影响,造成土壤蔗糖酶活性的不均衡分布;随着复垦时间的增加,复垦土壤蔗糖酶活性的变异系数不断变小,但均高于对照区农田土壤的变异系数,表明0~20cm土层复垦土壤蔗糖酶活性整体上变异较大。

2.20~40cm土层土壤蔗糖酶活性演变特征

复垦土壤20~40cm土层土壤蔗糖酶活性变化趋势如图7-8所示。

根据表 7-9 可知，复垦土壤蔗糖酶活性由复垦初期的 7.52mg/g 依次变化为 9.33、12.60、13.43、15.27mg/g，复垦土壤蔗糖酶活性的变化范围为 7.52~15.27mg/g，总体上，复垦土壤蔗糖酶活性随着复垦时间的增加呈现不断增加的趋势。与复垦初期土壤蔗糖酶活性的 7.52mg/kg 相比，复垦 3a 土壤蔗糖酶活性增加了 24.11%，复垦 5a 土壤蔗糖酶活性增加了 67.55%，复垦 8a 土壤蔗糖酶活性增加了 78.63%，复垦 10a 土壤蔗糖酶活性增加了 103.01%。与对照区农田土壤蔗糖酶活性的 15.62mg/g 相比，复垦 1a 土壤蔗糖酶活性低了 51.88%，复垦 3a 土壤蔗糖酶活性低了 40.25%，复垦 5a 土壤蔗糖酶活性低了 19.33%，复垦 8a 土壤蔗糖酶活性低了 14.00%，复垦 10a 土壤蔗糖酶活性低了 2.26%。从复垦土壤蔗糖酶活性的变异系数可以看出，复垦农田土壤蔗糖酶活性变异系数在 5.23%~17.27% 发生变化，复垦初期土壤蔗糖酶活性的变异系数较大，可能原因在于，复垦土壤蔗糖酶活性在初期受到复垦措施、耕作管理措施等因素的影响，造成土壤蔗糖酶活性的不均衡分布；随着复垦时间的增加，复垦土壤蔗糖酶活性的变异系数呈现下降趋势，说明 20~40cm 土层复垦土壤蔗糖酶活性分布逐渐变得更加均衡。

3.40~60cm 土层土壤蔗糖酶活性演变特征

复垦土壤 40~60cm 土层土壤蔗糖酶活性变化趋势如图 7-8 所示。根据表 7-9 可知，复垦土壤蔗糖酶活性由复垦初期的 6.14mg/g 依次变化为 5.43、7.87、8.17、8.63mg/g，复垦土壤蔗糖酶活性的变化范围为 5.43~8.63mg/g，总体上，复垦土壤蔗糖酶活性随着复垦时间的增加呈现先减少、后增加的趋势。与复垦初期土壤蔗糖酶活性的 6.14mg/g 相比，复垦 3a 土壤蔗糖酶活性减少了 11.51%，复垦 5a 土壤蔗糖酶活性增加了 28.12%，复垦 8a 土壤蔗糖酶活性增加了 33.01%，复垦 10a 土壤蔗糖酶活性增加了 40.61%。与对照区农田土壤蔗糖酶活性的

9.10mg/g相比较，复垦1a土壤蔗糖酶活性低了32.53%，复垦3a土壤蔗糖酶活性低了40.29%，复垦5a土壤蔗糖酶活性低了13.55%，复垦8a土壤蔗糖酶活性低了10.26%，复垦10a土壤蔗糖酶活性低了5.13%。从复垦土壤蔗糖酶活性的变异系数可以看出，复垦农田土壤蔗糖酶活性变异系数在7.87%~24.02%发生变化，复垦初期土壤蔗糖酶活性的变异系数变化较大，可能原因在于复垦土壤蔗糖酶活性受到的复垦措施等因素影响较大，复垦后期土壤蔗糖酶活性的变异系数较小。

综上所述，复垦初期，20~40cm土层土壤蔗糖酶活性大于0~20cm、40~60cm土层土壤蔗糖酶活性。复垦中后期，复垦土壤蔗糖酶活性随着深度的增加，均呈现不断下降的趋势。各土层复垦土壤蔗糖酶活性随着复垦时间的增加呈现不断增加的趋势。

4. 复垦土壤蔗糖酶活性演变特征的原因分析

0~20cm、20~40cm土层复垦土壤蔗糖酶活性的随着复垦时间的增加而呈现不断增加的趋势，原因在于，蔗糖酶用来反映土壤中碳素的转化和供应强度，是表征土壤生物化学活性的重要酶，而表层土壤受农作物耕作、施肥等措施的影响较大，其碳素含量较高。0~20cm土层复垦土壤碳素含量比深层土壤的碳素含量高，从而提高复垦土壤的蔗糖酶活性。复垦初期，20-40cm土层土壤蔗糖酶活性高于0~20cm土层土壤蔗糖酶活性，原因在于，在复垦过程中受表土剥离、回填、整平等一系列复垦工程措施的影响，人为扰动了原来的土壤剖面结构，造成复垦初期土壤蔗糖酶活性在垂直变化上规律不明显。但随着复垦时间的增加，复垦土壤蔗糖酶活性在垂直剖面上随着深度的增加呈现不断下降的趋势。

7.3.2 复垦农田土壤脲酶活性演变特征

土壤脲酶是表征土壤生物化学活性的重要酶。脲酶广泛地存在于土壤中，能够对尿素水解发挥关键的作用，并且能够分解、转化土壤有机氮。脲酶活性与土壤肥力水平、营养物质的转化能力具有很强的关联性，能够反映土壤氮素实际的供应强度水平；研究土壤的脲酶活性能够了解土壤中氮素的转化状况和氮素的有效利用状况[188,189]。复垦土壤脲酶活性及其动态变化特征能够反映复垦土壤的营养水平和健康状况。本书的复垦土壤脲酶活性的统计结果见表7-10，复垦土壤脲酶活性的演变特征如图7-9所示。

表7-10 复垦土壤脲酶活性统计结果

土层深度（cm）	复垦年限（a）	脲酶活性		
		平均值（mg/g）	标准差	CV（100%）
0~20	1	0.31	0.09	29.59
	3	0.48	0.10	21.53
	5	0.67	0.09	12.76
	8	0.85	0.06	7.06
	10	0.99	0.08	8.38
	CK	1.09	0.06	5.51
20~40	1	0.41	0.09	20.91
	3	0.72	0.13	18.06
	5	0.56	0.13	23.64
	8	0.66	0.07	10.70
	10	0.78	0.06	7.14
	CK	0.83	0.05	6.09

续表

土层深度（cm）	复垦年限（a）	脲酶活性		
		平均值（mg/g）	标准差	CV（100%）
40~60	1	0.36	0.07	19.44
	3	0.39	0.06	15.38
	5	0.43	0.06	12.95
	8	0.50	0.04	8.38
	10	0.59	0.03	5.08
	CK	0.63	0.04	6.35

注：CK 为对照区农田土壤。

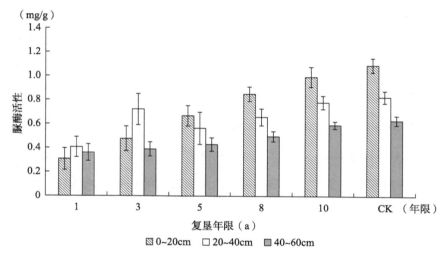

图7-9 不同土层复垦土壤脲酶活性演变特征

1.0~20cm 土层土壤脲酶活性演变特征

复垦土壤 0~20cm 土层土壤脲酶活性变化趋势图如图 7-9 所示。根据表 7-10 可知，0~20cm 土层土壤脲酶活性在复垦 1a、3a、5a、8a、10a 依次为：0.31、0.48、0.67、0.85、0.99mg/g，复垦土壤脲酶活性变化范围在 0.31~0.99mg/g，总体上，复垦土壤脲酶活性随着复垦时间的增加呈现不断增加的趋势。与复垦初期土壤脲酶活性的0.31mg/g相比，复垦3a土壤脲酶活性增加了53.76%，复垦5a土壤脲酶活性增加了115.05%，复垦8a土壤脲酶活性增加了174.19%，复垦10a土壤脲酶活性增加了220.43%。与对照区农田土壤脲酶活性的1.09mg/g相比较，复垦1a土壤脲酶活性低了71.87%，复垦3a土壤脲酶活性低了56.27%，复垦5a土壤脲酶活性低了38.84%，复垦8a土壤脲酶活性低了22.02%，复垦10a土壤脲酶活性低了8.87%。从复垦土壤脲酶活性的变异系数可以看出，0~20cm土层复垦农田土壤脲酶活性变异系数在7.06%~29.59%发生变化，复垦前期土壤脲酶活性的变异系数较大，可能原因在于，复垦土壤脲酶活性在初期受到复垦措施、耕作管理措施等因素的影响，造成土壤脲酶活性的不均衡分布；随着复垦时间的增加，复垦土壤脲酶活性的变异系数不断变小，但均高于对照区农田土壤的变异系数，这表明0~20cm土层复垦土壤脲酶活性整体上变异较大。

2. 20~40cm土层土壤脲酶活性演变特征

复垦土壤20~40cm土层土壤脲酶活性变化趋势如图7-9所示。根据表7-10可知，复垦土壤脲酶活性由复垦初期的0.41mg/g依次变化为0.72、0.56、0.66、0.78mg/g，复垦土壤脲酶活性的变化范围为0.41~0.78mg/g，总体上，复垦土壤脲酶活性随着复垦时间的增加呈现波动变化的趋势。与复垦初期土壤脲酶活性的0.41mg/kg相比，复垦3a土壤脲酶活性增加了75.61%，复垦5a土壤脲酶活性增加了37.40%，复垦8a土壤脲酶活性增加了60.16%，复垦10a土壤脲酶活性增加了90.24%。与对照区农田土壤脲酶活性的0.83mg/g相比，复垦1a土壤脲酶活性低了51.00%，复垦3a土壤脲酶活性低了13.25%，复垦5a土壤脲酶活性低了32.13%，复垦8a土壤脲酶活性低了20.88%，复垦10a土壤脲酶活性低了6.02%。从复垦土壤脲酶活性的变异系数可以看出，复垦农田土壤脲酶活性变异系数在 7.14%~23.64% 发生变化，复垦前中期土壤脲酶活性的变异系数较大，可能原因在于，复垦土壤脲酶活性在前中期受到复垦措施、耕作管理措施等因素的影响，造成土壤脲酶活性的不均衡分布；随着复垦时间的增加，复垦土壤脲酶活性的变异系数呈现下降趋势，这说明 20~40cm 土层复垦土壤脲酶活性分布逐渐变得更加均衡。

3. 40~60cm 土层土壤脲酶活性演变特征

复垦土壤 40~60cm 土层土壤脲酶活性变化趋势如图 7-9 所示。根据表 7-10 可知，复垦土壤脲酶活性由复垦初期的 0.36mg/g 依次变化为 0.39、0.43、0.50、0.59mg/g，复垦土壤脲酶活性的变化范围为 0.36~0.59mg/g，总体上复垦土壤脲酶活性随着复垦时间的增加呈现不断增加的趋势。与复垦初期土壤脲酶活性的 0.36mg/g 相比，复垦 3a 土壤脲酶活性增加了 8.33%，复垦 5a 土壤脲酶活性增加了 19.44%，复垦 8a 土壤脲酶活性增加了 37.96%，复垦 10a 土壤脲酶活性增加了 63.89%。与对照区农田土壤脲酶活性的 0.63mg/g 相比，复垦 1a 土壤脲酶活性低了 42.86%，复垦 3a 土壤脲酶活性低了 38.10%，复垦 5a 土壤脲酶活性低了 31.75%，复垦 8a 土壤脲酶活性低了 21.16%，复垦 10a 土壤脲酶活性低了 6.35%。从复垦土壤脲酶活性的变异系数可以看出，复垦农田土壤脲酶活性变异系数在 5.08%~19.44% 发生变化，复垦前期土壤脲酶活性的变异系数变化较大，可能原因在于，复垦土壤脲酶活性受到复垦措施等因素的影响较大，随着复垦时间的增加，复垦土壤脲酶活性的变异系数呈现下降趋势，这说明 20~40cm 土层复垦土壤脲酶活性分布逐渐变得更加均衡。

综上所述，复垦初期，20~40cm 土层土壤脲酶活性大于 40~60cm、0~20cm 土层的土壤脲酶活性。复垦中后期，复垦土壤脲酶活性随着深度的增加，均呈现不断下降的趋势。各土层复垦土壤脲酶活性随着复垦时间的增加呈现不断增加的趋势。

4. 复垦土壤脲酶活性演变特征的原因分析

0~20cm 土层复垦土壤脲酶活性随着复垦时间的增加呈现不断增加的趋势，原因在于，土壤脲酶能够反映土壤中氮素转化和供应强度，是表征土壤生物化学活性的重要酶。表层土壤受到农作物耕作、施肥等影响较大，其氮素含量较高。0~20cm 土层复垦土壤氮素含量比深层土壤的氮素含量高，从而提高复垦土壤的脲酶活性。复垦初期 20~40cm 土层土壤脲酶活性高于 0~20cm 土层土壤脲酶活性，原因在于，在复垦过程中受表土剥离、回填、整平等一系列复垦工程措施的影响，人为扰动了原来的土壤剖面结构，造成复垦初期土壤脲酶活性在垂直变化上规律性不明显。但随着复垦时间的增加，复垦土壤脲酶活性在垂直剖面上随着深度的增加呈现不断下降的趋势。40~60cm 土层复垦土壤脲酶活性随着复垦时间的增加呈现不断增加的趋势，但其整体增加速度缓慢，原因在于，深层次土壤层受到的耕作、施肥等措施影响较小。

7.3.3 复垦农田土壤过氧化氢酶活性演变特征

土壤过氧化氢酶是表征土壤生物化学活性的重要酶。土壤过氧化氢酶主要来源于微生物的分泌物，其能够起到催化土壤中过氧化氢的分解、减轻过氧化氢对生物体的毒害作用[190,191]。土壤过氧化氢酶在土壤有机质分解和营养循环中扮演着重要角色，因此，研究复垦土壤中土壤过氧化氢酶活性的变化特征，能够了解复垦土壤肥力变化的状况。复垦土壤过氧化氢酶活性的统计结果见表 7-11，复垦土壤过氧化氢酶活性的演变特征如图 7-10 所示。

表 7-11 复垦土壤脲酶活性统计结果

土层深度（cm）	复垦年限（a）	脲酶活性		
		平均值（mg/g）	标准差	CV（100%）
0~20	1	3.21	0.69	21.32
	3	4.11	0.57	13.86
	5	4.91	0.39	7.95
	8	4.57	0.35	7.69
	10	5.88	0.30	5.07
	CK	5.96	0.21	3.56
20~40	1	1.99	0.29	14.43
	3	1.97	0.27	13.56
	5	2.33	0.19	8.20
	8	3.98	0.27	6.67
	10	4.43	0.32	7.17
	CK	4.61	0.29	6.30
40~60	1	2.13	2.45	1.71
	3	1.96	2.31	1.75
	5	2.32	2.52	2.11
	8	2.80	3.23	2.71
	10	3.50	3.07	3.10
	CK	3.90	4.15	3.81

注：CK 为对照区农田土壤。

1. 0~20cm 土层土壤过氧化氢酶活性演变特征

复垦土壤 0~20cm 土层土壤过氧化氢酶活性变化趋势如图 7-10 所示。根据表 7-11 可知，0~20cm 土层土壤过氧化氢酶活性在复垦 1a、3a、5a、8a、10a 依次为 3.21、4.11、4.91、4.57、5.88mg/g，复垦土壤过氧化氢酶活性变化范围为 3.21~5.88mg/g，总体上，复垦土壤过氧化氢酶活性随着复垦时间的增加呈现波动变化的趋势。与复垦初期土壤

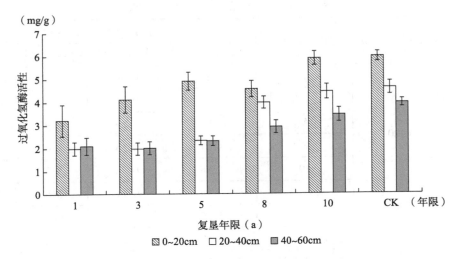

图7-10　不同土层复垦土壤过氧化氢酶活性演变特征

过氧化氢酶活性的3.21mg/g相比，复垦3a土壤过氧化氢酶活性增加了25.14%，复垦5a土壤过氧化氢酶活性增加了52.86%，复垦8a土壤过氧化氢酶活性增加了42.26%，复垦10a土壤过氧化氢酶活性增加了83.18%。与对照区农田土壤过氧化氢酶活性的5.96mg/g相比，复垦1a土壤过氧化氢酶活性低了46.09%，复垦3a土壤过氧化氢酶活性低了30.98%，复垦5a土壤过氧化氢酶活性低了17.67%，复垦8a土壤过氧化氢酶活性低了23.38%，复垦10a土壤过氧化氢酶活性低了1.34%。从复垦土壤过氧化氢酶活性的变异系数可以看出，0~20cm土层复垦农田土壤过氧化氢酶活性变异系数在5.07%~21.32%变化，复垦前期土壤过氧化氢酶活性的变异系数较大，可能原因在于，复垦土壤过氧化氢酶活性在初期受到复垦措施、耕作管理措施等因素的影响，造成土壤过氧化氢酶活性的不均衡分布；随着复垦时间的增加，复垦土壤过氧化氢酶活性的变异系数不断变小，但均高于对照区农田土壤的变异系数，这表明0~20cm土层复垦土壤过氧化氢酶活性整体上变异较大。

2. 20~40cm 土层土壤过氧化氢酶活性演变特征

复垦土壤 20-40cm 土层土壤过氧化氢酶活性变化趋势如图 7-10 所示。根据表 7-11 可知，复垦土壤过氧化氢酶活性由复垦初期的 1.99mg/g 依次变化为 1.97、2.33、3.98、4.43mg/g，复垦土壤过氧化氢酶活性的变化范围为 1.97~4.43mg/g，总体上，复垦土壤过氧化氢酶活性随着复垦时间的增加呈现先减少后增加的趋势。与复垦初期土壤过氧化氢酶活性的 1.99mg/kg 相比，复垦 3a 土壤过氧化氢酶活性减少 0.84%，复垦 5a 土壤过氧化氢酶活性增加了 17.25%，复垦 8a 土壤过氧化氢酶活性增加了 99.83%，复垦 10a 土壤过氧化氢酶活性增加了 122.61%。与对照区农田土壤过氧化氢酶活性的 4.61mg/g 相比，复垦 1a 土壤过氧化氢酶活性低了 56.91%，复垦 3a 土壤过氧化氢酶活性低了 57.19%，复垦 5a 土壤过氧化氢酶活性低了 49.39%，复垦 8a 土壤过氧化氢酶活性低了 13.74%，复垦 10a 土壤过氧化氢酶活性低了 3.90%。从复垦土壤过氧化氢酶活性的变异系数可以看出，复垦农田土壤过氧化氢酶活性变异系数在 6.67%~14.43%发生变化，复垦前期土壤过氧化氢酶活性的变异系数较大，可能原因在于复垦土壤过氧化氢酶活性在前中期受到复垦措施、耕作管理措施等因素的影响，造成土壤过氧化氢酶活性的不均衡分布；随着复垦时间的增加，复垦土壤过氧化氢酶活性的变异系数呈现下降趋势，说明 20~40cm 土层复垦土壤过氧化氢酶活性分布逐渐变得更加均衡。

3. 40~60cm 土层土壤过氧化氢酶活性演变特征

复垦土壤 40~60cm 土层土壤过氧化氢酶活性变化趋势如图 7-10 所示。根据表 7-11 可知，复垦土壤过氧化氢酶活性由复垦初期的 2.13mg/g 依次变化为 1.96、2.32、2.80、3.50mg/g，复垦土壤过氧化氢酶活性的变化范围为 2.01~3.50mg/g，总体上，复垦土壤过氧化氢酶活性随着复垦时间的增加呈现先减少后增加的趋势。与复垦初期土壤过氧化氢酶活性的 2.13mg/g 相比，复垦 3a 土壤过氧化氢酶活性减少了 4.44%，复垦 5a 土壤过氧化氢酶活性增加了 40.32%，复垦 8a 土壤过氧化氢酶活性增加了 38.73%，复垦 10a 土壤过氧化氢酶活性增加了 63.49%。与对照区农田土壤过氧化氢酶活性的 3.90mg/g 相比，复垦 1a 土壤过氧化氢酶活性低了 46.92%，复垦 3a 土壤过氧化氢酶活性低了 49.20%，复垦 5a 土壤过氧化氢酶活性低了 41.35%，复垦 8a 土壤过氧化氢酶活性低了 26.24%，复垦 10a 土壤过氧化氢酶活性低了 13.08%。从复垦土壤过氧化氢酶活性的变异系数可以看出，复垦农田土壤过氧化氢酶活性变异系数在 8.85%~17.70% 之间变化，复垦前期土壤过氧化氢酶活性的变异系数变化较大，可能原因在于，复垦土壤过氧化氢酶活性受到复垦措施等因素的影响较大，随着复垦时间的增加，复垦土壤过氧化氢酶活性的变异系数呈现下降趋势，这说明 20~40cm 土层复垦土壤过氧化氢酶活性分布逐渐变得更加均衡。

综上所述，复垦初期，0~20cm 土层土壤过氧化氢酶活性大于 40~60cm、0~20cm 土层土壤过氧化氢酶活性。复垦中后期，复垦土壤过氧化氢酶活性随着深度的增加，均呈现不断下降的趋势。各土层复垦土壤过氧化氢酶活性随着复垦时间的增加呈现不断增加的趋势。

4. 复垦土壤过氧化氢酶活性演变特征的原因分析

0~20cm 土层复垦土壤过氧化氢酶活性的随着复垦时间的增加呈现不断增加的趋势，原因在于，土壤中过氧化氢酶主要源于细菌、真菌以及植物根系的分泌物，过氧化氢酶不仅能间接反映有机质含量水平，而且可以判断有机质转化状况，因此过氧化氢酶活性与一般土壤有机质的组分和含量有关。表层土壤受到农作物耕作、施肥等的影响较大，其有机质含量较高。0~20cm土层复垦土壤有机质含量比深层土壤的有机质含量高，从而提高复垦土壤的过氧化氢酶活性。复垦初期，40~60cm土层土壤过氧化氢酶活性高于20~40cm土层土壤过氧化氢酶活性，原因在于，在复垦过程中受表土剥离、回填、整平等一系列复垦工程措施的影响，人为扰动了原来的土壤剖面结构，造成复垦初期土壤过氧化氢酶活性在垂直变化上的规律不明显。但随着复垦时间的增加，复垦土壤过氧化氢酶活性在垂直剖面上随着深度的增加呈现不断下降的趋势。40~60cm土层复垦土壤过氧化氢酶活性随着复垦时间的增加而呈现不断增加的趋势，但其整体增加速度缓慢，原因在于，深层次土壤层受到耕作、施肥等措施的影响较小。

7.4 复垦农田土壤质量的演变特征

土壤质量状况是土壤肥力、环境质量、健康质量的综合量度，是土壤特性的综合反映，体现了自然因素和人类活动对土壤的影响[192-196]。为了研究采煤沉陷区煤矸石充填复垦土壤质量状况，本书选择了常用的土壤生态系统质量指数（soi quality index，SQI）评价模型对采煤沉陷区煤矸石充填复垦农田土壤质量进行评价。

7.4.1 复垦农田土壤质量评价指数

采煤沉陷区煤矸石充填复垦土壤生态系统质量指数（soil quality index，SQI）的计算方式为，首先对煤矸石充填复垦土壤各评价指标隶属度和权重进行计算，然后将二者的乘积进行加和。

计算公式为 $SQI = \sum W_i \times F(X_i)$

公式中，SQI 为复垦土壤质量综合评价指数，W_i 为第 i 个指标的权重。

7.4.2 复垦农田土壤质量评价指标权重计算

1. 复垦土壤指标标准化处理

复垦土壤质量评价指标涉及土壤物理、化学、生物学等各类指标，各个指标单位和测量方法有所不同。将不同的土壤评价指标进行直接比较是不合理的，因此将复垦土壤指标相关数据首先进行标准化处理，然后再进行比较。本节运用前文中提到的数据标准化方法进行处理。复垦土壤指标标准化处理结果见表 7-12。

表 7-12　复垦土壤指标标准化数据

土层深度（cm）	指标	R1	R3	R5	R8	R10	对照区
0~20	土壤含水率	-1.82	-0.51	0.41	0.53	0.59	0.80
	pH 值	1.20	0.89	0.32	-0.20	-0.77	-1.43
	有机质	-1.72	-0.61	0.18	0.47	0.76	0.92
	全氮	-1.76	-0.55	0.26	0.43	0.72	0.91
	全磷	-1.64	1.24	0.50	0.22	-0.62	0.31
	碱解氮	-1.18	-0.96	-0.44	0.43	0.93	1.21
	有效磷	-1.24	-0.86	-0.27	0.15	0.82	1.40
	蔗糖酶	-1.31	-0.91	-0.25	0.33	1.04	1.10
	脲酶	-1.40	-0.84	-0.20	0.39	0.86	1.19
	过氧化氢酶	-1.48	-0.63	0.13	-0.19	1.05	1.12
20~40	土壤含水率	-1.77	-0.60	0.47	0.78	0.71	0.42
	pH 值	1.01	0.77	0.49	-0.36	-0.19	-1.72
	有机质	-1.68	-0.65	0.21	0.35	0.72	1.04
	全氮	-1.50	-0.61	-0.26	0.28	0.87	1.22

土层深度（cm）	指标	R1	R3	R5	R8	R10	对照区
20~40	全磷	-0.69	1.58	0.82	-0.32	-1.07	-0.32
	碱解氮	-1.19	-0.87	-0.28	0.10	0.80	1.45
	有效磷	-1.15	-0.85	-0.31	0.12	0.63	1.57
	蔗糖酶	-1.47	-0.91	0.09	0.35	0.91	1.02
	脲酶	-1.62	0.39	-0.65	0.00	0.78	1.10
	过氧化氢酶	-0.98	-1.00	-0.71	0.61	0.97	1.11
40~60	土壤含水率	-1.80	-0.56	0.53	0.69	0.74	0.40
	pH 值	0.75	0.51	0.38	0.55	-0.27	-1.91
	有机质	-1.63	-0.68	0.04	0.45	0.79	1.02
	全氮	-1.51	-0.79	-0.17	0.76	0.76	0.96
	全磷	1.62	0.68	-1.20	-0.26	-0.57	-0.26
	碱解氮	-1.09	-0.89	-0.35	0.01	0.86	1.47
	有效磷	-1.22	-0.64	-0.50	0.02	0.91	1.43
	蔗糖酶	-0.98	-1.46	0.22	0.42	0.74	1.06
	脲酶	-1.13	-0.85	-0.49	0.15	0.97	1.34
	过氧化氢酶	-0.88	-0.99	-0.60	0.16	0.82	1.48

2. 复垦土壤指标权重计算

本部分运用前文提到的主成分分析法确定复垦土壤各评价指标的权重，计算结果见表 7-13、表 7-14、表 7-15。

表 7-13　0~20cm 土层复垦土壤指标的负荷量和权重

指标	负荷量			权重
	第一主成分	第二主成分	公因子方差	
土壤含水率	0.945	0.269	0.965	0.099
pH 值	-0.968	0.187	0.973	0.100
有机质	0.983	0.142	0.986	0.101

指标	负荷量			权重
	第一主成分	第二主成分	公因子方差	
全氮	0.975	0.187	0.986	0.101
全磷	0.304	0.938	0.973	0.100
碱解氮	0.963	−0.236	0.983	0.101
有效磷	0.975	−0.17	0.979	0.100
蔗糖酶	0.982	−0.176	0.995	0.102
脲酶	0.993	−0.098	0.996	0.102
过氧化氢酶	0.965	−0.018	0.932	0.095

表 7-14　20~40cm 土层复垦土壤指标的负荷量和权重

指标	负荷量			权重
	第一主成分	第二主成分	公因子方差	
土壤含水率	0.839	0.296	0.792	0.086
pH 值	−0.92	0.089	0.854	0.092
有机质	0.962	0.209	0.97	0.105
全氮	0.995	0.073	0.996	0.108
全磷	−0.373	0.911	0.97	0.105
碱解氮	0.985	−0.084	0.977	0.106
有效磷	0.975	−0.08	0.957	0.103
蔗糖酶	0.978	0.036	0.958	0.104
脲酶	0.83	0.345	0.807	0.087
过氧化氢酶	0.946	−0.276	0.971	0.105

表 7-15　40~60cm 土层复垦土壤指标的负荷量和权重

指标	负荷量			权重
	第一主成分	第二主成分	公因子方差	
土壤含水率	0.84	−0.529	0.985	0.103
pH 值	−0.799	−0.501	0.889	0.093

续表

指标	负荷量			权重
	第一主成分	第二主成分	公因子方差	
有机质	0.978	−0.174	0.986	0.103
全氮	0.963	−0.154	0.951	0.099
全磷	−0.716	0.646	0.929	0.097
碱解氮	0.975	0.217	0.997	0.104
有效磷	0.965	0.222	0.981	0.102
蔗糖酶	0.935	−0.084	0.882	0.092
脲酶	0.974	0.193	0.987	0.103
过氧化氢酶	0.943	0.307	0.984	0.103

3. 复垦土壤指标隶属度计算

本部分运用前文提到的隶属度函数确定复垦土壤各评价指标的隶属度值。其中，本书结合前人研究成果及复垦农田土壤的实际情况，确定各评价指标的上临界值分别为，有机质（25.51g/kg）、全氮（1.83g/kg）、全磷（0.65g/kg）、碱解氮（212.60mg/g）、有效磷（18.97mg/g）、蔗糖酶（20.31mg/g）、脲酶（1.09mg/g）、过氧化氢酶（5.96mg/g）；根据各个土壤质量指标的隶属度函数表达式，将复垦农田土壤质量各个指标的实测值代入隶属度函数表达式，得到复垦农田土壤质量评价指标的隶属度值，其结果见表7-16。

表 7-16　复垦土壤指标隶属度值

土层深度（cm）	指标	R1	R3	R5	R8	R10	对照区
0~20	土壤含水率	0.77	1.00	1.00	1.00	1.00	1.00
	pH 值	0.56	0.58	0.62	0.66	0.71	0.76
	有机质	0.26	0.57	0.79	0.87	0.95	1.00
	全氮	0.40	0.67	0.85	0.89	0.95	1.00

续表

土层深度（cm）	指标	R1	R3	R5	R8	R10	对照区
0~20	全磷	0.68	1.15	1.03	0.98	0.85	1.00
	碱解氮	0.38	0.44	0.57	0.80	0.93	1.00
	有效磷	0.39	0.48	0.61	0.71	0.86	1.00
	蔗糖酶	0.33	0.44	0.62	0.78	0.98	1.00
	脲酶	0.28	0.44	0.61	0.78	0.91	1.00
	过氧化氢酶	0.54	0.69	0.82	0.77	0.99	1.00
20~40	土壤含水率	0.78	1.00	1.00	0.94	0.98	1.00
	pH 值	0.54	0.56	0.59	0.66	0.64	0.77
	有机质	0.39	0.50	0.58	0.60	0.64	0.67
	全氮	0.44	0.53	0.56	0.61	0.66	0.70
	全磷	0.82	1.00	0.93	0.85	0.78	0.85
	碱解氮	0.42	0.44	0.49	0.52	0.58	0.64
	有效磷	0.22	0.27	0.36	0.43	0.52	0.67
	蔗糖酶	0.37	0.46	0.62	0.66	0.75	0.77
	脲酶	0.37	0.66	0.52	0.60	0.72	0.76
	过氧化氢酶	0.33	0.33	0.39	0.67	0.74	0.77
40~60	土壤含水率	0.92	1.00	0.98	0.90	0.88	1.00
	pH 值	0.57	0.59	0.60	0.59	0.66	0.79
	有机质	0.22	0.28	0.34	0.36	0.39	0.41
	全氮	0.38	0.42	0.45	0.50	0.50	0.51
	全磷	0.90	0.84	0.75	0.81	0.78	0.80
	碱解氮	0.30	0.32	0.35	0.38	0.43	0.47
	有效磷	0.26	0.28	0.28	0.29	0.32	0.33
	蔗糖酶	0.30	0.27	0.39	0.40	0.43	0.45
	脲酶	0.33	0.36	0.39	0.46	0.54	0.58
	过氧化氢酶	0.35	0.34	0.39	0.49	0.58	0.66

4. 复垦农田土壤质量评价结果

本部分运用复垦土壤生态系统质量指数计算公式，得到复垦农田土壤质量综合评价结果，其结果见表 7-17。

表 7-17　复垦农田土壤质量评价结果

土层深度（cm）	R1	R3	R5	R8	R10	对照区
0~20	0.46	0.64	0.75	0.82	0.91	0.98
20~40	0.46	0.57	0.60	0.65	0.70	0.75
40~60	0.45	0.47	0.49	0.52	0.55	0.60

根据表 7-17 可知，采煤沉陷地复垦农田土壤复垦后 1~10 年期间，在 0~20cm 土层，复垦土壤质量指数从 0.46 上升到 0.91，其随着复垦时间呈现增加的趋势，这表明采煤沉陷地煤矸石充填复垦土壤在土壤质量方面得到改善，其土壤质量指数的增加幅度为 100.10%，与对照区土壤质量指数相比低了 15.51%。在 20~40cm 土层，复垦土壤质量指数从 0.46 上升到 0.70，其随着复垦时间呈现增加的趋势，这表明采煤沉陷地煤矸石充填复垦土壤在土壤质量方面得到改善，其土壤质量指数的增加幅度为 49.94%，与对照区土壤质量指数相比低了 13.98%。在 40~60cm 土层，复垦土壤质量指数从 0.45 上升到 0.55，其随着复垦时间呈现增加的趋势，这表明采煤沉陷地煤矸石充填复垦土壤在土壤质量方面得到改善，其土壤质量指数增加幅度为 21.52%，与对照区土壤质量指数相比低了 13.72%。

7.5　本章小结

本章选择焦作矿区煤矸石充填复垦土壤为研究对象，分析了复垦耕地土壤 0~20cm、20~40cm、40~60cm 土层土壤含水率、pH 值、有机质、全氮、碱解氮、全磷、有效磷、蔗糖酶活性、脲酶活性和过氧化氢酶活性等土壤质量指标的演变特征，结论如下：

（1）采煤沉陷地煤矸石充填复垦土壤在复垦 10 年后，0~20cm、20~40cm、40~60cm 土层土壤质量指标与复垦第 1 年相比有很大改变，具体结果为：土壤含水率增加了 61.20%、80.84%、66.67%；pH 值减少了 5.36%、3.54%、2.98%；有机质含量增加了 271.74%、63.37%、78.77%；土壤全氮含量增加了 139.27%、49.38%、31.88%；碱解氮含量增加了 144.47%、40.52%、42.20%；全磷含量增加了 25.76%、-3.77%、-12.64%；有效磷含量增加了 122.52%、129.51%、22.38%；蔗糖酶活性增加了 195.99%、103.01%、40.61%；脲酶活性增加了 200.43%、90.24%、63.89%；过氧化氢酶活性增加了 83.18%、122.61%、63.49%。

（2）本章运用复垦土壤质量评价指数公式对采煤沉陷地煤矸石充填复垦土壤进行评价，其结果表明，采煤沉陷地煤矸石充填复垦土壤复垦 10 年后，其土壤质量指数在 0~20cm、20~40cm、0~60cm 土层土壤分别增加了 100.10%、49.94%、21.52%，整体上，复垦土壤质量指数随着复垦时间的增加呈现不断增加的趋势。

第 **8** 章

结论与展望

本书选择九里山矿煤粮复合区典型采煤沉陷地为研究对象，充分利用野外调查，原位定点监测，室内分析、数理统计分析相结合的方法，分析了采煤沉陷地（坡地、裂缝、积水区）对土壤质量主要因子的影响，探讨了采煤沉陷地土壤质量环境因子、肥力因子、健康因子在不同微地形和不同土壤深度的空间分布规律，构建采煤沉陷地土壤质量评价模型和土壤质量退化评价模型，分析了采煤沉陷（坡地、裂缝、积水区）土壤质量对玉米产量的影响；研究了采煤沉陷地煤矸石充填复垦耕地不同复垦年限土壤质量的演变特征。

8.1 结论

1. 采煤沉陷地土壤质量主要因子的特征及其空间分布

采煤沉陷显著改变了土壤环境因子。在采煤沉陷微地形中，采煤沉陷裂缝显著减少了土壤的含水率和 pH 值，而采煤沉陷（坡地、积水区）显著增加了土壤的含水率和土壤 pH 值；采煤沉陷区微地形对土壤含水率影响的大小排序为沉陷积水区>沉陷裂缝>沉陷坡地，且在 0~20cm 土层、20~40cm 土层、40~60cm 土层表现出相同的规律性。采煤沉陷区微地形对土壤 pH 值影响的大小排序是沉陷裂缝>沉陷积水区>沉陷坡地，且在 0~20cm 土层、20~40cm 土层、40~60cm 土层表现出相同的规律性。采煤沉陷对不同土层土壤含水率的影响大小排序为 0~20cm 土层>20~40cm 土层>40~60cm 土层；采煤沉陷坡地和采煤沉陷裂缝对土壤 pH 值的影响与其对土壤含水量的影响表现出相同的规律性；采煤沉陷积水区对土壤 pH 值的影响表现出了相反的规律性。

采煤沉陷显著改变了土壤的肥力因子。采煤沉陷区不同微地形对不同土层的土壤有机质、土壤全氮、土壤碱解氮、土壤全磷、土壤有效磷的影响具有较大的差异性。采煤沉陷对土壤肥力的影响为，采煤沉陷裂缝和沉陷积水区大于采煤沉陷坡地。而在采煤沉陷积水区，距离沉陷积水2~4m 范围内，表层土壤的肥力有所增加，原因在于，沉陷坡地的土壤养分在受到雨水侵蚀和耕作侵蚀后在沉陷坡坡底形成汇集。

采煤沉陷显著减低了土壤的健康因子。采煤沉陷对不同土层的土壤蔗糖酶活性、土壤脲酶活性、土壤过氧化氢酶活性的影响具有一定的差异性。采煤沉陷对 0~20cm 土层的土壤酶活性的影响最大，其次是对 20~40cm 土层，影响最小的是 40~60cm 土层。在采煤沉陷区微地形中，沉陷裂缝对不同土层的土壤蔗糖酶活性、土壤过氧化氢酶活性影响最大，而且对耕地 0~20cm 土层、20~40cm 土层的土壤脲酶活性影响最大；采煤沉陷积水对 40~60cm土层土壤脲酶活性的影响最大；采煤沉陷坡地对不同土层的土壤蔗糖酶、土壤脲酶、土壤过氧化氢酶活性的影响相对最小。

2. 采煤沉陷对农作物根际微环境的影响

采煤沉陷坡、裂缝、积水区对农作物根际土壤微环境的影响表现出不同的规律性。农作物根际土壤含水率、pH 值均低于非根际土壤的相关数值。采煤沉陷区农作物根际土壤含水率、pH 值的富集率也有所不同，并低于对照区。农作物根际土壤有机质、全氮、碱解氮、全磷含量均高于非根际土壤的相关数值，其有效磷含量低于非根际土壤的有效磷含量。采煤沉陷地农作物根际土壤有机质、氮素、磷素的富集率也有所不同，并低于对照区。农作物根际土壤蔗糖酶、脲酶、过氧化氢酶活性均高于非根际土壤的相关数值。采煤沉陷地农作物根际土壤蔗糖酶、脲酶、过氧化氢酶活性的根土比也有所不同，并低于对照区。这表明采煤沉陷坡、裂缝、积水区降低了农作物的根际效应；采煤沉陷坡自上坡至下坡，农作物的根际效应不断减小；距采煤沉陷裂缝越近，农作物的根际效应越小；距沉陷积水区越近，农作物的根际效应越小。

3. 采煤沉陷地土壤质量因子的相关性

基于相关分析，在 0～20cm、20～40cm 和 40～60cm 土层土壤含水率与土壤 pH 值之间表现出极显著的正相关关系，并且随着土壤深度的增加，土壤含水率与土壤 pH 值之间的相关系数逐渐增大。土壤含水率、土壤 pH 值与土壤养分、土壤酶活性之间表现出负相关关系。土壤有机质、全氮、碱解氮、全磷、有效磷与酶活性之间表现出极显著的正相关关系。此外，沉陷区土壤酶活性对沉陷地土壤质量的动态变化过程比土壤养分更敏感，用土壤蔗糖酶、脲酶和过氧化氢酶作为评价采煤沉陷区耕地土壤质量的敏感性指标具有较强的可靠性。

4. 采煤沉陷地土壤质量评价

采煤沉陷显著降低了煤粮复合区耕地土壤的质量。采煤沉陷对耕地不同土层土壤质量的影响具有一定的差异性。采煤沉陷区微地形对耕地土壤质量的影响各不相同，沉陷裂缝和沉陷积水区对耕地不同土层土壤质量的影响较大，而采煤沉陷坡地对耕地土壤质量的影响较小。煤粮复合区采煤沉陷地土壤退化指数与沉陷地土壤质量指数表现出相反的规律性。

5. 采煤沉陷地对农作物产量的影响

采煤沉陷对玉米产量具有显著的影响。采煤沉陷区不同微地形对玉米产量的影响具有显著的差异性，其对玉米产量影响的变异系数分别为17.26%、31.36%、20.91%，均为中等变异，这表明采煤沉陷对玉米产量具有不同程度的影响。采煤沉陷区不同微地形对玉米产量影响的大小排序为沉陷裂缝>沉陷积水区>沉陷坡地。采煤沉陷区不同微地形玉米产量的分布趋势与土壤质量的分布特征相一致，而与土壤退化指数的分布特征相反。本书定量分析了煤粮复合区采煤沉陷地玉米产量与土壤质量的相关关系，检验了土壤质量评价结果是否符合研究区实际。采煤沉陷地玉米产量显著低于对照区，说明采煤沉陷造成的土地损害降低了玉米的产量。玉米产量与采煤沉陷地土壤质量指数高度的相关性，证明了本书选取的评价指标体系和评价方法具有可行性与实用价值。

6. 采煤沉陷地复垦耕地土壤质量演变特征

采煤沉陷地充填复垦耕地土壤质量随着复垦时间的增加呈现不断增加的趋势。本书分析了采煤沉陷地煤矸石充填复垦耕地土壤 0~20cm、20~40cm、40~60cm 土层土壤含水率、pH 值、有机质、全氮、碱解氮、全磷、有效磷、蔗糖酶活性、脲酶活性和过氧化氢酶活性等土壤质量指标的演变特征，并发现采煤沉陷地煤矸石充填复垦土壤复垦 10 年后，其土壤质量指数在 0~20cm、20~40cm、0~60cm 土层土壤分别增加了100.10%、49.94%、21.52%，整体上，复垦土壤质量指数随着复垦时间的增加呈现不断增加的趋势。

8.2 主要创新点

一是本书对煤粮复合区采煤沉陷区对土壤质量的影响进行了全面系统地研究，分析了采煤沉陷区土壤质量的主要因子及空间分布特征，分析了采煤沉陷区对土壤质量、农作物根际微环境及根际效应的影响规律。

二是本书应用土壤质量和退化的评价模型，研究了采煤沉陷区对土壤质量影响和退化机理，分析了农作物产量与土壤质量的关系。

三是本书系统研究了采煤沉陷地煤矸石充填复垦农田不同复垦年限土壤质量的演变特征，揭示了不同复垦年限复垦土壤质量的演变规律。

8.3 需要进一步研究的内容

一是研究土壤质量是一个复杂的问题，采煤沉陷对土壤质量的影响研究应从多个角度入手，由于受时间、精力和试验条件等因素的限制，本书的研究注重对土壤的含水率、pH 值、有机质、氮素、磷素、蔗糖酶、脲酶和过氧化氢酶等特性的研究，构建的土壤质量评价模型需要在更大、更多的区域范围进行实证研究。同时，相关研究应当将更多的土壤物理指标，如土壤容重、土壤团聚体稳定性、土壤结构等；土壤化学指标，如土壤钾素等；土壤生物指标，如土壤微生物数量和土壤磷酸酶活性等指标，纳入煤粮复合区采煤沉陷地土壤质量评价指标体系。

二是煤粮复合区采煤沉陷对耕地造成的影响周期较长，有必要将采煤沉陷对耕地土壤质量的时空变化规律纳入研究。

三是持续的煤炭开采造成的沉陷地面积不断增加，且已经稳沉的耕地没有复垦而是还在继续耕种，如何提高采煤沉陷地的利用率，增加采煤沉陷地的农作物产量，有待进行深入研究。

参考文献

［1］胡振琪，李晶，赵艳玲．矿产与粮食复合主产区环境质量与粮食安全问题、成因与对策［J］．科技导报，2006，24（3）：21-24.

［2］程烨．基本农田保护与采矿塌陷控制［J］．中国土地科学．2004，18（3）：9-12.

［3］胡振琪，魏忠义．煤矿区采动与复垦土壤存在的问题域对策［J］．能源环境保护，2003，17（3）：3-10.

［4］何国清，杨伦，凌赓娣，等．矿山开采沉陷学［M］．徐州：中国矿业大学出版社，1991.

［5］祝锦霞，徐保根，章琳云．基于半方差函数与等别的耕地质量监测样点优化布设方法［J］．农业工程学报，2015，31（19）：254-261.

［6］邹慧，毕银丽，朱郴韦，等．采煤沉陷对沙地土壤水分分布的影响［J］．中国矿业大学学报，2014（3）：496-501.

［7］刘哲荣，燕玲，贺晓，等．采煤沉陷干扰下土壤理化性质的演变：以大柳塔矿采区为例［J］．干旱区资源与环境，2014（11）：133-138.

［8］黄翌，汪云甲，王猛，等．黄土高原山地采煤沉陷对土壤侵蚀的影响［J］．农业工程学报，2014（1）：228-235.

［9］莫爱，周耀治，杨建军，等．山地煤矿开采对土壤理化性质

的影响 [J]. 水土保持学报, 2015 (1): 86-89, 95.

[10] DEXTER A R. Soil physical quality [J]. Soil and tillage research, 2004, 79 (2): 129-130.

[11] UNGER P W. Water retention by core and sieved soil samples [J]. Soil societyof american journal, 1975, 39 (6): 1197-1200.

[12] 裴青宝, 赵新宇, 张建丰, 等. 容重对红壤水平入渗特性的影响 [J]. 水土保持学报, 2014, 29 (6): 111-114.

[13] 陈龙乾, 邓喀中, 赵志海, 等. 开采沉陷对耕地土壤物理特性影响的空间变化规律 [J]. 煤炭学报, 1999, 24 (6): 586-590.

[14] 卞正富. 矿区开采沉陷农用土地质量空间变化研究 [J]. 中国矿业大学学报, 2004, 33 (2): 213-218.

[15] 胡振琪, 胡锋, 李久海, 等. 华东平原地区采煤沉陷对耕地的破坏特征 [J]. 煤矿环境保护, 1997, 11 (3): 6-10.

[16] 臧荫桐, 汪季, 丁国栋, 等. 采煤沉陷后风沙土理化性质变化及其评价研究 [J]. 土壤学报, 2010, 47 (2): 262-269.

[17] 卞正富, 张国良. 矿山开采沉陷对潜水环境的影响与控制 [J]. 有色金属, 1999, 51 (1): 4-7.

[18] 谢元贵, 车家骧, 孙文博, 等. 煤矿矿区不同采煤塌陷年限土壤物理性质对比研究 [J]. 水土保持研究, 2012, 19 (4): 26-29.

[19] 郄晨龙, 卞正富, 杨德军, 等. 鄂尔多斯煤田高强度井工煤矿开采对土壤物理性质的扰动 [J]. 煤炭学报, 2015, 40 (6): 1448-1456.

[20] 陈朝, 李妍均, 邓南荣, 等. 西南山区采煤塌陷对水田土壤物理性质的影响 [J]. 农业工程学报, 2014, 30 (18): 276-285.

[21] 魏婷婷, 胡振琪, 曹远博, 等. 风沙区煤炭开采对土壤物理

性质和结皮的影响［J］．水土保持通报，2015，35（2）：106-110.

［22］姚国征，丁国栋，臧荫桐，等．基于判别、因子分析的采煤沉陷风沙区土壤质量评价［J］．农业工程学报，2012，28（7）：200-207.

［23］陈荣华，白海波，冯梅梅．综放面覆岩导水裂隙带高度的确定［J］．采矿与安全工程学报，2006，23（2）：220-223.

［24］刘辉，何春桂，邓喀中，等．开采引起地表塌陷型裂缝的形成机理分析［J］．采矿与安全工程学报，2013，30（3）：380-284.

［25］王晋丽，康建荣，胡晋山，等．采煤地裂缝对水土资源的影响研究［J］．山西煤炭，2011，31（3）：27-30.

［26］马迎宾，黄雅茹，王淮亮，等．采煤塌陷裂缝对降雨后坡面土壤水分的影响［J］．土壤学报，2014，51（3）：497-507.

［27］张延旭，毕银丽，陈书琳，等．半干旱风沙区采煤后裂缝发育对土壤水分的影响［J］．环境科学与技术，2015，38（3）：11-14.

［28］张欣，王健．采煤塌陷对土壤水分损失影响及其机理研究［J］．安徽农业科学，2009，37（11）：5058-5062.

［29］赵明鹏，张震斌，周立岱．阜新矿区地面塌陷灾害对土地生产力的影响［J］．中国地质灾害与防治学报，2003，14（1）：77-80.

［30］贺明辉，高永，陈曦，等．采煤塌陷裂缝对土壤速效养分的影响［J］．北方园艺，2014，38（9）：186-188.

［31］NOVAK V，SIMAUNCK J，VAN GENUCHTEN M T. Infiltration of water into soil with cracks［J］．Journal of irrigation and drainage，engineering，2000，26（1）：41-47.

［32］许传阳，马守臣，张合兵，等．煤矿沉陷区沉陷裂缝对土壤特性和作物生长的影响［J］．中国生态农业学报，2015，23（5）：597-604.

［33］赵红梅，张发旺，宋亚新，等．神府东胜矿区不同塌陷阶段

土壤水分变化特征 [J]. 南水北调与水利科技, 2008, 6 (3)：92-96.

[34] 林振山, 王国祥. 矿区塌陷土地改造与构造湿地建设 [J].
自然资源学报, 2005 (9)：790-795.

[35] 刘思、孟庆俊. 淮南潘北矿塌陷湿地土壤退化评价 [J]. 中
国环境监测, 2011, 27 (5)：6-10.

[36] 麦霞梅, 赵艳玲, 龚毕凯, 等. 东滩煤矿高潜水位采煤沉陷
区土壤含水量变化规律研究 [J]. 中国煤炭, 2011, 37 (3)：48-51.

[37] 俞海防, 高良敏, 李玉, 等. 淮南潘三矿采煤塌陷区土壤的
养分分布特征 [J]. 贵州农业科学, 2010, 40 (12)：143-145.

[38] 孟庆俊. 采煤沉陷区氮磷流失规律研究 [D]. 徐州：中国矿
业大学, 2010.

[39] 顾和和, 胡振琪, 刘德辉, 等. 高潜水位地区开采沉陷对耕
地的破坏机理研究 [J]. 煤炭学报, 1998 (5)：76-79.

[40] 渠俊峰, 张绍良, 李钢, 等. 高潜水位采煤沉陷区有机碳库
演替特征研究 [J]. 金属矿山, 2013 (11)：150-153.

[41] KARLEN D L, DITZLER C A, ANDREWS S S. Soil quality：
why and how？ [J]. Geoderma, 2003 (114)：145-156

[42] DIZTLER A, TUGEL A J. Soil quality field tools：experience of
US - DA - NRCS soil quality institute [J]. Agronomy journal, 2002, 94
(1)：33-38.

[43] DORAN J W, JONES A J. Methods for assessing soil quality [J].
Special publication, Soil science society of American, Madison, WI, 1996,
49：410.

[44] DORAN J W, PARKIN T B. Defining and assessing soil quality,
in：Doran J W eds. defining soil quality for a sustainable environment [M].

SSSA Spec. Pub 1. 35. SSSA and ASA, Madison, 1994.

［45］PARR J F, PAPENDICKR RI, HORNICK S B, et al. Soil quality: attributes and relationship to alternative and sustainable agriculture. Am. J. Altern. Agriculture., 1992 (7): 5-11.

［46］曹志洪. 解译土壤质量演变规律确保土壤资源持续利用 ［J］. 世界科技研究与发展, 2001, 23 (3): 28-32.

［47］赵其国, 孙波, 张桃林. 土壤质量与持续环境: Ⅰ. 土壤质量的定义及评价方法 ［J］. 土壤, 1997 (3): 113-120.

［48］孙波, 赵其国, 张桃林. 土壤质量与持续环境: Ⅱ. 土壤质量评价的碳氮指标 ［J］. 土壤, 1997 (4): 169-184.

［49］刘占锋, 傅伯杰, 刘国华, 等. 土壤质量与土壤质量指标及其评价 ［J］. 生态学报. 2006, 26 (3): 901-913.

［50］ARSHAD M A, MARTIN S. Identifying critical limits for soil quality indicators in agriculture economic system ［J］. Agriculture, ecosystems and environment, 2002 (88): 153-160.

［51］LARSON W E, PIERCE F J. In: defining soil quality for a sustainable environment ［J］. Soil science Society of America, Inc, maclison, wisconsin USA, 1994: 37-52.

［52］MORARI F, LUGATO E, LUIGI G. Olsen phosphorus, exchange-ablecations and salinity in two long-term experiments of north-easternItaly and assessment of soil quality evolution ［J］. Agriculture, ecosys -tems and environment, 2007.

［53］LOGSDON S D, KARLEN D L. Bulk density as a soil quality indicatorduring conversion tono-tillage ［J］. Soil and tillage research, 2004, 78 (2): 143-149.

［54］KIBBLEWHITE M G. Soil quality assessment and management ［C］. Mc Gilloway D A. Grassland：A global resource. netherlands：Wageningen academic publishers，2005：219-226.

［55］郭平，王云琦，王玉杰，等. 重庆缙云山典型林分土壤抗冲性的最佳土壤结构指标研究［J］. 土壤，2014（1）：111-118.

［56］李静鹏，徐明锋，苏志尧，等. 不同植被恢复类型的土壤肥力质量评价［J］. 生态学报，2014（9）：2297-2307.

［57］吴胡强，张雅坤，张金池，等. 上舍流域两种林地土壤结构与抗蚀性［J］. 水土保持通报，2015（1）：9-13.

［58］武海杰，杨国锋，孙娟，等. 苜蓿不同种植模式下土壤结构及养分的响应［J］. 华北农学报，2015（5）：189-196.

［59］张曼夏，季猛，李伟，等. 土地利用方式对土壤团聚体稳定性及其结合有机碳的影响［J］. 应用与环境生物学报，2013（4）：598-604.

［60］汪三树，黄先智，史东梅，等. 基于 Le Bissonnais 法的石漠化区桑树地埂土壤团聚体稳定性研究［J］. 生态学报，2013（18）：5589-5598.

［61］闫靖华，张凤华，谭斌，等. 不同恢复年限对土壤有机碳组分及团聚体稳定性的影响［J］. 土壤学报，2013（6）：1183-1190.

［62］DUMANSKIA J，PIERI C. Land quality indicators：research plan ［J］. Agri-culture，ecosystems and environment，2000（81）：93-102.

［63］CARTER M R. Soil quality for sustainable land management：organic matter and aggregation interactions that maintain soil functions ［J］. Agronomy journal，2002，94：38-47.

［64］Soil and water conversation society. farming for a better environment-a white paper [N]. Soil water conversation. society. ankeny. iowa, 1995.

[65] DORAN J W, SARRANTONIO M, LIEHIG M I A. Soil health and sustainability [J]. Adv. agriculture. 1996, (56): 51-54.

[66] GOVAERTS B, SAYRE K D, DECKERS J. A minimum data set for soil quality assessment of wheat and maize cropping in the highlands of Mexico [J]. Soil and tillage research, 2006, 87 (2): 163-174.

[67] ORDAN D, KREMER R J, BERGFIELD W A, et al. Evaluation of microbial methods as potential indicators of soil quality in historical agriculture fields [J]. Biological fertilizer and soils, 1995, 19 (4): 297-302.

[68] DICK R P, BREAKWILL D, TURCO R. Soil enzyme activities and bio-diversity measurements as integrating biological indicators. [M] In: Doran J. W. And Jones A. J. Editors, Handbook of Methods for Assessment of soil quality, SSSA, Madison USA, 1996.

[69] HOLZAPFEL C, SCHMIDT W, SHMIDA A. Effects of human-caused disturbances on the flora along a mediterranean desert gradient [J]. Flora, 1992 (186): 261-270.

[70] HOLZAPFEL C, SCHMIDT W, SHMIDA A. The role of seed bank and seed rain in the recolonization of disturbed sites along an aridity gradient [J]. Phytocoenologia, 1993 (23): 561-580.

[71] 陈超, 胡振琪, 台晓丽, 等. 风积沙区土地生态损伤自修复能力评价 [J]. 中国煤炭, 2015 (10): 124-128.

[72] 徐良骥, 黄璨, 章如芹, 等. 充填与非充填开采条件下煤矿沉陷区耕地土壤质量空间分布规律研究 [J]. 中国生态农业学报, 2014

（6）：635-641.

[73] 王曦，黄璨，章如芹，等．降雨条件下沉陷区土壤养分迁移响应 [J]．湖北农业科学，2014（11）：2520-2525.

[74] 莫爱，周耀治，杨建军，等．山地煤矿开采对土壤理化性质的影响 [J]．水土保持学报，2015（1）：86-89，95.

[75] 李晓静，胡振琪，张国强，等．西南山地区采煤沉陷区破坏水田土壤水分特征分析 [J]．煤矿开采，2011（6）：48-50.

[76] 李阳，郑刘根，程桦，等．采煤沉陷区表层土壤氮、磷和有机质分布特征及相关性分析 [J]．环境污染与防治，2015（10）：52-57.

[77] 张发旺，侯新伟，韩占涛，等．采煤塌陷对土壤质量的影响效应及保护技术 [J]．地理与地理信息科学，2003，19（3）：67-70.

[78] 姚国征，丁国栋，臧荫桐，等．基于判别、因子分析的采煤沉陷风沙区土壤质量评价 [J]．农业工程学报，2012，28（7）：200-207.

[79] 周瑞平．鄂尔多斯地区采煤塌陷对风沙土壤性质的影响 [D]．呼和浩特：内蒙古农业大学，2008.

[80] 魏娜，唐倩．采煤塌陷区土壤质量评价指标体系探讨 [J]．山东国土资源，2011，27（3）：35-37.

[81] 王新静，杨雅淇，高扬．风沙区采煤沉陷土壤质量演变时效评价 [J]．煤炭工程，2013，45（1）：89-92.

[82] 蔡宇，张永兴．采矿塌陷区耕地破损评价指标体系分析 [J]．地下空间与工程学报，2012，8（5）：1075-1080.

[83] 张沛，李毅，商艳玲．偏最小二乘回归方法提取土壤质量单项评价指标初探 [J]．灌溉排水学报，2015（5）：72-78.

[84] 张银平，杜瑞成，刁培松，等．机械化生态沃土耕作模式提高土壤质量及作物产量 [J]．农业工程学报，2015（7）：33-38.

［85］凌宏文，樊宇红，朴河春．桑园地和玉米轮作地土壤 pH 变化的比较研究［J］．生态环境学报，2015（5）：778-784.

［86］凌宏文，樊宇红，朴河春．桑园地和玉米轮作地土壤 pH 变化的比较研究［J］．生态环境学报，2015（5）：778-784.

［87］朱祖祥．土壤学：上、下册［M］．北京：中国农业出版社，1985.

［88］谷思玉．红松人工林土壤肥力的研究［D］．哈尔滨：东北林业大学，2001.

［89］齐艳领，郭立稳，李富平，等．采煤塌陷区生态安全评价研究［J］．矿山测量，2005（1）：56-59.

［90］赵业婷，常庆瑞，李志鹏，等．渭北台塬区耕地土壤有机质与全氮空间特征［J］．农业机械学报，2014（8）：140-148.

［91］赵业婷，常庆瑞，李志鹏，等．1983—2009 年西安市郊区耕地土壤有机质空间特征与变化［J］．农业工程学报，2013（2）：132-140，296.

［92］王效举，龚子同．红壤丘陵小区域不同利用方式下土壤变化的评价和预测［J］．土壤学报，1998，35（1）：135-139.

［93］孔祥斌，张凤荣，齐伟，等．集约化农区土地利用对土壤养分的影响［J］．地理学报，2003，58（3）：333-342.

［94］单秀枝．土壤有机质含量对土壤水动力参数的影响［J］．土壤学报，1998，35（1）：1-10.

［95］MARIO POLEMIO and RHOADES J D，Determination cation exchange capacity：A new procedure for calcareous and gypsiferous soil［J］．Soil Sci. Soc. Am. J（1），1997，41（3）：524-528.

［96］高德才，张蕾，刘强，等．旱地土壤施用生物炭减少土壤氮

损失及提高氮素利用率 [J]. 农业工程学报，2014（6）：54-61.

[97] 陈洪连，张彦东，孙海龙，等. 东北温带次生林采伐干扰对土壤氮矿化的影响 [J]. 生态与农村环境学报，2015（1）：88-93.

[98] 习斌，翟丽梅，刘申，等. 有机无机肥配施对玉米产量及土壤氮磷淋溶的影响 [J]. 植物营养与肥料学报，2015（2）：326-335.

[99] 陈恩凤. 土壤的自动调节性能与抗逆性能 [J]. 土壤学报，1978，28（2）：168-176.

[100] 鲁如坤，时正元，钱承梁. 磷在土壤中有效性的衰减 [J]. 土壤学报，2000，37（3）：323-328.

[101] 陈金林，俞元春，罗汝英，等. 杉木、马尾松、甜槠等林分下土壤养分状况研究 [J]. 林业科学研究，1998，11（6）：586-591

[102] 袁可能. 植物营养元素的土壤化学 [M]. 北京：科学出版社，1983.

[103] 闫雷，毕世欣，赵启慧，等. 土霉素及镉污染对土壤呼吸及酶活性的影响 [J]. 水土保持通报，2014（6）：101-108.

[104] 赵仁竹，汤洁，梁爽，等. 吉林西部盐碱田土壤蔗糖酶活性和有机碳分布特征及其相关关系 [J]. 生态环境学报，2015（2）：244-249.

[105] 罗世琼，杨雪鸥，林俊青. 施肥对烤烟土壤微生物群落结构多样性及蔗糖酶活性的影响 [J]. 贵州农业科学，2013（7）：124-128.

[106] 周礼恺. 土壤酶学 [M]. 北京：科学出版社，1987.

[107] 李志萍，吴福忠，杨万勤，等. 川西亚高山森林林窗不同时期土壤转化酶和脲酶活性的特征 [J]. 生态学报，2015（12）：3919-3925.

[108] 孙建平，汤利，续勇波，等. 施氮对小麦蚕豆间作根际土壤脲酶活性的影响 [J]. 云南农业大学学报（自然科学），2015

（3）：464-470.

[109] 马丽红，黄雪菊，秦纪洪，等. 凋落物和积雪覆盖对低温季节西南亚高山森林表层土壤脲酶动态的影响 [J]. 水土保持研究，2013（2）：60-65.

[110] 李波，魏亚凤，汪波，等. 稻草还田与不同耕作方式对麦田土壤脲酶和土壤无机氮的影响 [J]. 江苏农业学报，2014（1）：106-111.

[111] 马堃，李橙，肖凡，等. 怀涿葡萄产区土壤过氧化氢酶活性空间分布规律及影响因素分析 [J]. 中国生态农业学报，2013（8）：992-997.

[112] 邹军，李媛媛，张玉武，等. 退化喀斯特植被恢复中土壤蔗糖酶、磷酸酶及过氧化氢酶活性特征研究 [J]. 广东农业科学，2013（14）：88-91.

[113] 黄华乾，王金叶，凌大炯，等. 不同土地利用方式下土壤过氧化氢酶活性与土壤化学性质的关系研究：以雷州半岛为例 [J]. 西南农业学报，2013（6）：2412-2416.

[114] 史建国，刘景辉，史君卿，等. 地膜再利用对向日葵田土壤过氧化氢酶活性的影响 [J]. 内蒙古农业大学学报（自然科学版），2015（5）：17-20.

[115] 樊军. 黄土高原旱地长期定位试验土壤酶活性研究 [D]. 杨凌：中科院水土保持研究所，2001.

[116] 张平究，李恋卿，潘根兴，等. 长期不同施肥下太湖地区黄泥土表土微生物量碳、氮量及基因多样性变化 [J]. 生态学报. 2004，24（12）：2818-2824.

[117] 谢正苗，卡里德，黄昌勇. 镉铅锌污染对红壤中微生物生物量碳、氮、磷的影响 [J]. 植物营养与肥料学报. 2000，6（1）：69-74.

［118］杨宁，邹冬生，杨满元，等．衡阳紫色土丘陵坡地不同植被恢复阶段土壤酶活性特征研究［J］．植物营养与肥料学报，2013（6）：1516-1524．

［119］方瑛，马任甜，安韶山，等．黑岱沟露天煤矿排土场不同植被复垦土壤酶活性及理化性质研究［J］．环境科学，2016（3）：1121-1127．

［120］解丽娜，贡璐，朱美玲，等．塔里木盆地南缘绿洲土壤酶活性与理化因子相关性［J］．环境科学研究，2014（11）：1306-1313．

［121］李智兰．矿区复垦对土壤养分和酶活性以及微生物数量的影响［J］．水土保持通报，2015（2）：6-13．

［122］刘作云，杨宁．衡阳紫色土丘陵坡地植被恢复对土壤酶活性及土壤理化性质的影响［J］．水土保持通报，2015（2）：20-26．

［123］朱美玲，贡璐，张龙龙．塔里木河上游典型绿洲土壤酶活性与环境因子相关分析［J］．环境科学，2015（7）：2678-2685．

［124］荆瑞勇，曹焜，刘俊杰，等．东北农田黑土土壤酶活性与理化性质的关系研究［J］．水土保持研究，2015（4）：132-137，142．

［125］赵维娜，王艳霞，陈奇伯．高山栎天然林土壤酶活性与土壤理化性质和微生物数量的关系［J］．东北林业大学学报，2015（9）：72-77．

［126］朱新玉，胡云川，芦杰．豫东黄河故道湿地土壤生物学性状及土壤质量评价［J］．水土保持研究，2014（2）：27-32．

［127］吕春花．子午岭地区植被恢复对土壤质量的影响研究［D］．杨凌：西北农林科技大学，2006．

［128］杨玉盛，何宗明，俞新妥，等．杉木林取代阔叶林后土壤微生物学活性变化的研究［J］．应用与环境生物学报，1997，3（4）：

313-318.

[129] 苑亚茹，韩晓增，丁雪丽，等．不同植物根际土壤团聚体稳定性及其结合碳分布特征 [J]．土壤通报，2012（2）：320-324.

[130] 刘方春，邢尚军，马海林，等．生物肥对冬枣根际土壤微环境特征的影响 [J]．北京林业大学学报，2012（5）：100-104.

[131] 李少朋，毕银丽，陈昢圳，等．外源钙与丛枝菌根真菌协同对玉米生长的影响与土壤改良效应 [J]．农业工程学报，2013（1）：109-116.

[132] 朱秋莲，邢肖毅，程曼，等．宁南山区典型植物根际与非根际土壤碳、氮形态 [J]．应用生态学报，2013（4）：983-988.

[133] 李少朋，毕银丽，陈昢圳，等．干旱胁迫下 AM 真菌对矿区土壤改良与玉米生长的影响 [J]．生态学报，2013（13）：4181-4188.

[134] 徐强，刘艳君，陶鸿．间套作玉米对线辣椒根际土壤微生物生态特征的影响 [J]．中国生态农业学报，2013（9）：1078-1087.

[135] 金彩霞，朱雯斐，李明亮，等．农作物根际土壤有机酸含量动态变化研究 [J]．干旱区资源与环境，2013（11）：86-91.

[136] 杨克军，王玉凤，张树远，等．栽培方式对寒地玉米根际土壤微生态的影响 [J]．土壤通报，2011（1）：56-59.

[137] 孟颖，王宏燕，于崧，等．生物黑炭对玉米苗期根际土壤氮素形态及相关微生物的影响 [J]．中国生态农业学报，2014（3）：270-276.

[138] 杜涛．煤炭开采对植物根际微环境影响规律及生态修复效应 [D]．北京：中国矿业大学（北京），2013.

[139] 关松荫．土壤酶及其研究方法 [M]．北京：中国农业出版社，1986.

[140] 房全孝. 土壤质量评价工具及其应用研究进展 [J]. 土壤通报, 2013, 44 (2): 496-504.

[141] 孙波, 赵其国. 红壤退化中的土壤质量评价指标及评价方法 [J]. 地理科学进展, 1999, 19 (2): 118-128.

[142] 黄宇, 汪思龙, 冯宗炜, 等. 不同人工林生态系统林地土壤质量评价 [J]. 应用生态学报, 2004, 15 (12): 2199-2205.

[143] 张桃林, 潘剑君, 赵其国. 土壤质量研究进展与方向 [J]. 土壤, 1999 (1): 1-7.

[144] 胡月明, 万洪富, 吴志峰, 等. 基于 GIS 的土壤质量模糊变权评价 [J]. 土壤学报, 2001, 38 (3): 266-274.

[145] 张华, 张甘霖. 土壤质量指标和评价方法 [J]. 土壤, 2001 (6): 326-330.

[146] 刘崇洪. 几种土壤质量评价方法的比较 [J]. 干旱环境监测, 1996, 10 (1): 26-63.

[147] 王建国, 杨林章, 单艳红. 模糊数学在土壤质量评价中的应用研究 [J]. 土壤学报, 2001, 38 (2): 176-183.

[148] 樊军. 黄土高原旱地长期定位试验土壤酶活性研究 [D]. 杨凌: 中科院水土保持研究所, 2001.

[149] 赵其国, 孙波, 张桃林. 土壤质量与持续环境 I: 土壤质量的定义及评价方法 [J]. 土壤, 1997 (3): 113-120.

[150] 王建国, 杨林章, 单艳红. 模糊数学在土壤质量评价中的应用研究 [J]. 土壤学报, 2001, 38 (2): 176-183.

[151] 刘黎明, 张军连, 张凤荣, 等. 土地资源调查与评价 [M]. 北京: 中国农业大学出版社, 1994.

[152] 许明祥, 刘国彬, 赵允格. 黄土丘陵区土壤质量评价指标研

究 [J]. 应用生态学报, 2005, 16 (10): 1843-1848.

[153] 许明祥, 刘国彬, 赵允格. 黄土丘陵区侵蚀土壤质量评价 [J]. 植物营养与肥料学报, 2005, 11 (3): 285-293.

[154] 肖连刚, 张建明. 基于 GIS 宁夏引黄灌区农地土壤综合养分状况评价 [J]. 水土保持研究, 2010, 17 (5): 273-276.

[155] 李梅, 张学雷. 基于 GIS 的农田土壤肥力评价及其与土体构型的关系 [J]. 应用生态学报, 2011, 22 (1): 129-136.

[156] 陈龙乾, 邓喀中, 徐善宽, 等. 开采沉陷对耕地土壤化学特性影响的空间变化规律 [J]. 土壤侵蚀与水土保持学报, 1999, 5 (3): 81-86.

[157] 俞海防, 高良敏, 李玉, 等. 淮南潘三矿采煤塌陷区土壤的养分分布特征 [J]. 贵州农业科学, 2010, 40 (12): 143-145.

[158] 姚国征, 丁国栋, 臧荫桐, 等. 基于判别、因子分析的采煤沉陷风沙区土壤质量评价 [J]. 农业工程学报, 2012, 28 (7): 200-207.

[159] 臧荫桐, 汪季, 丁国栋, 等. 采煤沉陷后风沙土理化性质变化及其评价研究 [J]. 土壤学报, 2010, 47 (2): 262-269.

[160] 王新静, 杨耀淇, 高扬. 风沙区采煤沉陷土壤质量演变时效评价 [J]. 煤炭工程, 2013, 45 (1): 89-92.

[161] 靳东升, 张强, 张变华, 等. 种植植物对煤矸石填埋区复垦土壤真菌多样性及养分含量的影响 [J]. 华北农学报, 2020, 35 (5): 206-213.

[162] 张振佳, 曹银贵, 耿冰瑾, 等. 黄土露天矿区不同复垦年限重构土壤微生物数量差异及其影响因素分析 [J]. 中国土地科学, 2020, 34 (11): 103-112.

[163] 孙乐乐, 查建军, 马志帅, 等. 不同作物对采煤复垦区表层

土壤养分及酶活性的影响 [J]. 西南农业学报, 2019, 32 (9): 2085-2089.

[164] 李俊颖, 李新举, 吴克宁, 等. 济宁引黄复垦区不同年限土壤养分变化预测 [J]. 土壤学报, 2018, 55 (6): 1358-1366.

[165] 刘曙光, 徐良骥, 余礼仁. 煤矸石充填复垦地土壤理化性质的时空变化特征 [J]. 环境工程, 2018, 36 (2): 173-177.

[166] 黎炜. 煤矿充填复垦区土壤肥力质量变化与地下水重金属污染研究 [D]. 北京: 中国矿业大学, 2011.

[167] 程琦, 叶回春, 董祥林, 等. 采用探地雷达频谱分析的复垦土壤含水率反演 [J]. 农业工程学报, 2021, 37 (6): 108-116.

[168] 王晓彤, 胡振琪, 赖小君, 等. 黏土夹层位置对黄河泥沙充填复垦土壤水分入渗的影响 [J]. 农业工程学报, 2019, 35 (18): 86-93.

[169] 强大宏, 艾宁, 刘长海, 等. 煤矿复垦区沙棘人工林土壤水分时空分布特征研究 [J]. 灌溉排水学报, 2019, 38 (9): 82-87.

[170] 乔新涛, 曹毅, 毕如田. 基于 AEA 法的黄土高原矿区复垦农田土壤含水率特征研究 [J]. 土壤通报, 2019, 50 (1): 63-69.

[171] 陈永春, 安士凯, 郑永红, 等. 采煤沉陷区复垦土壤肥力状况调查与评价 [J]. 安徽理工大学学报 (自然科学版), 2019, 39 (3): 7-15.

[172] 曹银贵, 白中科, 张耿杰, 等. 山西平朔露天矿区复垦农用地表层土壤质量差异对比 [J]. 农业环境科学学报, 2013, 32 (12): 2422-2428.

[173] 刘孝阳, 周伟, 白中科, 等. 平朔矿区露天煤矿排土场复垦类型及微地形对土壤养分的影响 [J]. 水土保持研究, 2016, 23 (3): 6-12.

[174] 李俊颖, 李新举, 吴克宁, 等. 济宁引黄复垦区不同年限土

壤养分变化预测［J］．土壤学报，2018，55（6）：1358-1366.

［175］张浩，张宇婕，于亚军．煤矸山复垦林地、草地土壤生态肥力差异分析［J］．土壤通报，2020，51（3）：545-551.

［176］王蕾，张宇婕，于亚军．煤矸山复垦林、草地土壤有机碳差异及其影响因素［J］．生态学杂志，2019，38（12）：3717-3722.

［177］吴思聪，陈孝杨，邢雅珍，等．煤矸石充填复垦修复区土壤有机碳空间分布研究［J］．煤炭工程，2018，50（11）：141-146.

［178］李奇超，李新举．不同利用方式下复垦土壤的有机碳组分空间分布特征［J］．水土保持学报，2018，32（2）：204-209.

［179］王世东，石朴杰，张合兵，等．基于高光谱的矿区复垦农田土壤全氮含量反演［J］．生态学杂志，2019，38（1）：294-301.

［180］张雅馥，王金满，祝宇成．黄土区采煤塌陷对土壤全氮和有机质含量空间变异性的影响［J］．生态学杂志，2018，37（6）：1676-1684.

［181］张博凯，郝鲜俊，高文俊，等．不同有机肥及用量对矿区复垦土壤有效磷含量及供磷特性的影响［J］．水土保持学报，2021，35（2）：271-278.

［182］朱奕豪，刘晓丽，陈为峰，等．黄河三角洲废弃盐田复垦土壤碳氮磷生态化学计量学特征［J］．水土保持学报，2020，34（6）：352-360.

［183］高文俊，张博凯，郝鲜俊，等．有机肥对塌陷复垦土壤玉米产量和磷生物有效性的影响［J］．应用与环境生物学报，2021，27（4）：956-962.

［184］于亚军，王继萍．不同复垦年限煤矸山土壤微生物群落和酶活性及其影响因子［J］．生态学杂志，2018，37（04）：1120-1126.

［185］刘宝勇，赵凯，宋子岭，等．海州露天矿排土场不同复垦模式下土壤酶与土壤肥力典型相关分析［J］．中国水土保持科学，2018，

16 (4)：97-105.

[186] 李瑶，冯昶瑞，周膂卓，等．阳泉矿区煤矸石山复垦地不同植被根际土壤酶活性季节变化 [J]．应用与环境生物学报，2021，27 (2)：416-423.

[187] 侯湖平，王琛，李金融，等．煤矸石充填不同复垦年限土壤细菌群落结构及其酶活性 [J]．中国环境科学，2017，37 (11)：4230-4240.

[188] 王翔，李晋川，岳建英，等．安太堡露天矿复垦地不同人工植被恢复下的土壤酶活性和肥力比较 [J]．环境科学，2013，34 (9)：3601-3606.

[189] 钱奎梅，王丽萍，李江．矿区复垦土壤的微生物活性变化 [J]．生态与农村环境学报，2011，27 (6)：59-63.

[190] 周丽霞，丁明懋．土壤微生物学特性对土壤健康的指示作用 [J]．生物多样性，2007，15 (2)：162-171.

[191] 张菁，江山，王改玲．安太堡露天矿不同复垦年限苜蓿地土壤养分和酶活性剖面特征 [J]．灌溉排水学报，2018，37 (1)：42-48.

[192] 陈龙乾，邓喀中，徐黎华，等．矿区复垦土壤质量评价方法 [J]．中国矿业大学学报，1999 (5)：38-41.

[193] 李鹏飞，张兴昌，郝明德，等．基于最小数据集的黄土高原矿区复垦土壤质量评价 [J]．农业工程学报，2019，35 (16)：265-273.

[194] 曹梦，郭孝理，赵云泽，等．复垦年限及植被模式对矿区土壤质量的影响 [J]．中国矿业，2020，29 (2)：72-76+93.

[195] 李叶鑫，吕刚，王道涵，等．露天煤矿排土场复垦区不同植被类型土壤质量评价 [J]．生态环境学报，2019，28 (4)：850-856.

[196] 王安宁，刘歌畅，徐学华，等．铁尾矿废弃地不同复垦年限土壤质量评价 [J]．北京林业大学学报，2020，42 (01)：104-113.

重要术语索引表